理工系のための
基礎数学
［改訂増補版］

高木 悟・長谷川研二・熊ノ郷直人
共著

JN011392

培風館

はじめに (改訂増補版)

　初版発行から 4 年ほど経過し, おかげさまで大学入学前の導入教育や, 大学
での数学の講義における前提知識を確認・復習するための書として本書が活用
されている. 一方で, 記数法や数列, 逆関数, 複素平面の内容も加えることで,
より利便性が高まるとのご意見も多くいただき, これを機に改訂・増補すること
にした. 本書のねらいや内容については, 次ページの「はじめに (初版)」を参照
いただきたい. 以下に主な改訂点を述べる.

- 新たに, 二重根号, 記数法, 直積集合, 数列, 和の記号, 順列・組合せ, 二項
  定理, グラフの移動, いろいろな関数, 逆関数, 複素平面の単元を加え, 適宜
  項 (小節) を設けるなどして整理した.
- ウェブサイトに掲載していた初版の補足部分を本文に挿入した.
- 記号表を作成し, 記号から当該ページを参照できるようにした.
- より理解が深まるよう, 問題を増やした (練習, 章末問題).

　これらの大幅な改訂作業に際し, 工学院大学情報学部の情報数学担当教員
メンバーから, 授業で使用している教材を提供いただいた. 特に, 近藤公久教授,
位野木万里教授, 田中輝雄教授, 三木良雄教授, 橘完太准教授には何度も相談を
させていただき, 有益なアドバイスをいただいた. 心から感謝申し上げる.

　「理工系のための」数学シリーズのウェブサイト

　　　`http://www.f.waseda.jp/satoru/book/index.html`

では, 誤植等の情報を公開している. 本書を読む前に確認していただきたい.
また, 本書を含む「理工系のための」数学シリーズを使ってみての感想やアド
バイスを, 上記ウェブサイトにあるアンケートフォームから回答いただければ
幸甚である. 最後に, 本書は JSPS 科研費 JP16H03065, JP19H01738 による
研究成果を反映させており, 関係各位に御礼申し上げる.

　2019 年 (今年も酷暑の) 夏

高 木 悟

はじめに (初版)

　本書は, 特に数学を専門とはしないが, 理工系や経済系などで大学入学後に専門の勉強をする際に必要となる数学のうち, 主に高等学校までに学習する基礎的な事項をまとめたものである. 大学への入学前に復習として学習する, あるいは大学入学後に授業と並行して「必要な箇所を」勉強する際に活用してほしい.

　なお, 本書ではそのような生徒・学生をターゲットとしていることと, 特に微分積分学は大学初年次にあらためて学習することから, それらに関する厳密な記述や証明を省略している箇所もある. 本書の文中にもところどころ記してあるが, 微分積分学に関する本のいくつかは巻末の参考文献リストにあげているので参照するとよい. 他方, 大学であまり詳しく扱わないであろう高等学校までの数学については, 具体例を多くあげ, 丁寧に説明するよう心がけた.

　続いて, 本書の構成を述べる. 第1章では, 数学を学習するうえでの基本となる数の概念や整式についてまとめている. 第2章では, 数学の論理を理解するのに必要な集合と命題, 証明法について述べている. 第3章では, 恒等式と方程式についてまとめ, 特に2次方程式や高次方程式の解法を紹介している.
第4章では, 関数の概念やグラフおよび, 極限と連続性について具体的な例を用いて解説している. 第5章では, 三角比から三角関数の諸性質まで, 弧度法なども含めて説明している. 第6章では, 指数関数と対数関数について, 対数の定義や性質とともにまとめている. 第7章では, べき関数や多項式関数のみを対象とした微分と積分の基礎と簡単な応用について説明している.

　冒頭にも記したとおり, 本書では厳密な記載よりも具体的な例をあげてイメージしやすくすることを心がけた. 細かい点は微分積分学の本を参照してほしい.

　各章には 例 と, その類題である 練習 をセットで配置しているので, 学習した内容をすぐに自分で解いて確認しよう. また, 練習 の解答はページ下部の脚注に載せているので, すぐに答え合わせをすることができる. このように, 単元ごとに例を参考にしながら自分で類題を解くという学習方法で, 数学の

基礎知識を確実に定着させることが可能なので, ぜひ実践しよう. さらなる問題演習としては, 各章末に章末問題を配置している. 問題【A】は, 練習 と同程度の問題をなるべく多く用意した. また,【A】だけでは物足りない読者のために, 問題【B】も設けている. 余力があればぜひ【B】にも挑戦し, さらなる進展をめざしてほしい. なお, 章末問題の略解は巻末に掲載している. また, 参考文献や索引も巻末に載せているので, 随時参照のこと. その他, 本書で使用する記号のうち, ■ は 例 の終わりを, □ は証明終わりを意味している.

なお, 本書では紙幅の都合で証明などを省略しているところもあるが, それらについては筆者 (高木 悟) のウェブサイト

http://www.ns.kogakuin.ac.jp/~ft40433/book/

に載せておくので, 適宜確認するとよい. もし上記ウェブサイトにアクセスできないときは, 筆者名で検索してみよう.

本書を手にしたことがきっかけとなり, 専門分野の学習で現れる数学でつまづくことなくスムースに学問探求が進むことを心より願っている.

本書を作成するにあたり, 同僚の牧野潔夫教授, 北原清志准教授には貴重なアドバイスをいただいた. また, 名古屋工業大学の吉村善一名誉教授には原稿の隅から隅まで目を通してくださり, 読者の視点で非常に有益なコメントをいただいた. 培風館の斉藤淳氏と岩田誠司氏にも本書の出版のこと全般で大変お世話になり, この場を借りて関係各位に心より感謝申し上げる.

　2015 年 8 月

高 木　悟

目　　次

5.　三角比と三角関数 ———————————————— 112

6.　指数関数と対数関数 ———————————————— 122

7.　微分と積分 ———————————————————————— 133

ギリシア文字・記号表

大文字	小文字	読 み	大文字	小文字	読 み
A	α	アルファ	N	ν	ニュー
B	β	ベータ	Ξ	ξ	グザイ
Γ	γ	ガンマ	O	o	オミクロン
Δ	δ	デルタ	Π	π , ϖ	パイ
E	ε , ϵ	イ (エ) プシロン	P	ρ , ϱ	ロー
Z	ζ	ツェータ	Σ	σ , ς	シグマ
H	η	イータ	T	τ	タウ
Θ	θ , ϑ	シータ	Υ	υ	ウプシロン
I	ι	イオタ	Φ	ϕ , φ	ファイ
K	κ	カッパ	X	χ	カイ
Λ	λ	ラムダ	Ψ	ϕ , ψ	プサイ
M	μ	ミュー	Ω	ω	オメガ

記 号	ページ	記 号	ページ
$\in , \notin , \emptyset$	3	$_n\mathrm{P}_r$	46
$\mathbb{N} , \mathbb{Z} , \mathbb{Q} , \mathbb{R}$	4	$_n\mathrm{C}_r , \binom{n}{k}$	47
a^n , z^n	5 , 164	$P \vee Q , P \wedge Q , \neg P , P \Rightarrow Q$	53
$\geq , \geqq , \leq , \leqq$	5	$\Leftrightarrow$	54
$\sqrt[n]{a}$	5	D , D'	67 , 70
$\pm$	6	$f(x)$	76
$0.\dot{3} , 0.\dot{1}2\dot{3}$	13	$f^{-1}(x)$	98
$i , \mathbb{C}$	15	$\displaystyle\lim_{x \to a} f(x)$	103
$\overline{z}$	15	$\|r\| , \|z\|$	104 , 159
$(100)_n , 100_{(n)}$	19	$a - 0 , a + 0$	105
$\{ \mid \} , \{ \ \}$	30	$\sin\theta , \cos\theta , \tan\theta$	112
$\subset , \supset , \subseteq , \subsetneqq$	31	$\log_a M$	125
$[a, b], (a, b), (a, b], [a, b)$	32	$f'(a) , f'(x)$	135
$2^A , \mathcal{P}(A)$	32	$F(x) , \displaystyle\int f(x)\,dx$	145 , 146
$A \cup B , A \cap B , A^c , A \setminus B$	33	$\displaystyle\int_a^b f(x)\,dx$	148
$A \times B$	35	$\left[F(x) \right]_a^b$	149
$a_n , \{ a_n \}$	37	$\mathrm{Re} , \mathrm{Im} , \mathrm{Re}\,z , \mathrm{Im}\,z$	158
$\displaystyle\sum , \sum_{k=m}^n a_k$	38	$\arg z , \mathrm{Arg}\, z$	159
$n!$	44	e	160

1

数 と 式

この章では, 数学の基本中の基本となる数の概念や式について解説する.

1.1 自然数・整数・有理数・実数

ものの個数や順番を表すときに使う数

$$1, \quad 2, \quad 3, \quad 4, \quad 5, \quad \ldots, \quad 10, \quad \ldots$$

のことを **自然数** という. 数をいろいろな場面で使おうとすると, 自然数だけでは不十分で不都合なことが多い. 例えば, 自然数どうしの足し算, 掛け算の結果 (それぞれ **和**, **積** という) は自然数となるが, 自然数どうしを引き算した結果 (**差** という) は自然数になるとは限らない[1]. そこで, 自然数どうしの差を含むように数の概念を拡張した

$$\ldots, \quad -10, \quad \ldots, \quad -3, \quad -2, \quad -1, \quad 0, \quad 1, \quad 2, \quad 3, \quad \ldots, \quad 10, \quad \ldots$$

を **整数** という.

また, 整数どうしの和, 差, 積は整数となるが, 整数どうしの割り算 (ただし, 0 で割ることは除外する[2]) の結果 (**商** という) は整数になるとは限らないので, 整数の商である $\dfrac{整数}{整数}$ の形の分数を含むように再び数の概念を拡張し, それを

---

1) すべての自然数に対して, それらの和も自然数になるとき, 「自然数は演算 + で閉じている」という. なお, 自然数は演算 × でも閉じているが, 演算 − では閉じていない. 例えば, 2 と 3 は自然数であるが, それらの差 $2 - 3 = -1$ は自然数ではない.

2) これは, $0 \times \boxed{?} = 1$ を満たす数 $\boxed{?}$ が存在しないので, 0 で割った数を定義することができないからである.

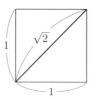

図 1.1　$\dfrac{\text{整数}}{\text{整数}}$ の形の分数で表すことができないが実在する数 (無理数) の例

有理数 という[3]. 一方, 直径 1 の円周の長さである円周率 π や, 一辺の長さが 1 の正方形の対角線の長さ $\sqrt{2}$ など[4], $\dfrac{\text{整数}}{\text{整数}}$ の形の分数で表すことができないが実在する数もある (図 1.1). このような数を 無理数 といい[5], 有理数と無理数をあわせて 実数 という[6]. 一般に, 数といえば「実数」のことを指すことが多いので,

> 本書では以後, 特に断らないときは「実数」で考えることとする.

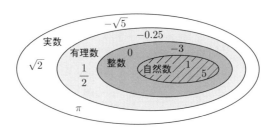

図 1.2　いろいろな数の例

　実数は, 加減乗除 とよばれる「足し算」「引き算」「掛け算」「割り算」の 4 つの演算が可能で[7], さらに次の 3 つの演算法則が成り立つ.

---

3)　小数と有理数の関係については 1.6 節を参照のこと.

4)　$\sqrt{2}$ とは, 2 乗すると 2 となる数のうち「正のもの」である. 1.3 節を参照.

5)　無理数には 代数的無理数 と 超越数 がある. 前者は整数係数の代数方程式 (多項式を等号で結んだ方程式) の解のうち無理数となるもので (例えば $x^2 - 2 = 0$ の 1 つの解 $\sqrt{2}$), 後者は 代数的無理数でない無理数のことである (例えば π). 係数, 多項式, 方程式など不明な用語は, 巻末の索引から当該ページを参照のこと.

6)　実数の厳密な定義については, 例えば巻末の参考文献 [2] などを参照のこと.

7)　足し算を 加法, 引き算を 減法, 掛け算を 乗法, 割り算を 除法 という.

> **実数の演算法則**
>
> a, b, c を実数とするとき, 次が成り立つ.
> (1) 結合法則: $(a+b)+c = a+(b+c)$, $(ab)c = a(bc)$
> (2) 交換法則: $a+b = b+a$, $ab = ba$
> (3) 分配法則: $a(b+c) = ab+ac$, $(a+b)c = ac+bc$

例 1.1 (1) 3 は自然数であり, 整数, 有理数, 実数でもある.

(2) $\dfrac{2}{5}$ は有理数であり, 実数でもあるが, 自然数や整数でない.

(3) $-\sqrt{2}$ は実数であるが, 自然数や整数でなく, 有理数でもない. ∎

> **練習 1.1** [8] 前ページの図 1.2 と同じような図をかき, 次の 5 個の数を
> 書き込みなさい.
>
> -7 $\qquad$ 4 $\qquad$ 0.3 $\qquad$ $-\pi$ $\qquad$ 0

1.2 集合の定義

「もの」の集まりを **集合** という. 数学で扱う集合とは, 対象となる
すべての「もの」に対して, その所属が明確である集まりのことと定義する.
数学ではこの「もの」を **元** あるいは **要素** という.

x が集合 S の元であることを「x は S に **属する**」
といい, $x \in S$ と表す. 一方, y が S の元でない
ことを「y は S に **属さない**」といい, $y \notin S$ と
表す. また, 元が 1 つもない集合を **空集合** といい,
記号 $\emptyset$ で表す.

図 1.3 集合と元 (要素)

---

8) 答 (練習 **1.1**)

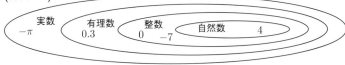

例 1.2　「100 以上の実数の集まり」は集合となるが,「大きな数の集まり」は集合とはならない. なぜならば, 例えば「102 という実数」は「100 以上の実数の集まり」には明らかに属するが,「大きな数の集まり」には属するとも属さないとも明確にはいえないからである.　■

> **練習 1.2** [9)]　「背の高い人の集まり」は集合となるか, 理由とともに答えなさい.

　自然数, 整数, 有理数, 実数の集合を, それぞれ記号 $\mathbb{N}$, $\mathbb{Z}$, $\mathbb{Q}$, $\mathbb{R}$ と表すことにする[10)]. このとき,「a は実数である」あるいは「実数 a」ということを集合の記号を用いて $a \in \mathbb{R}$ と表す[11)].

例 1.3　「$\sqrt{2}$ は実数であるが, 有理数でない.」を集合の記号 $\in$, $\notin$ を用いて表すと, $\sqrt{2} \in \mathbb{R}$, $\sqrt{2} \notin \mathbb{Q}$ である.　■

> **練習 1.3** [12)]　「0 は整数であるが, 自然数でない.」を集合の記号 $\in$, $\notin$ を用いて表しなさい.

1.3　指　　数

　5 を 3 個掛けたものは

$$5 \times 5 \times 5$$

と表せるが, 5 を 100 個掛けたものを書き表すのは大変である. そこで,

---

9)　**答 (練習 1.2)**　集合とはならない. なぜならば, 例えば「身長が $170\,\mathrm{cm}$ の人」は「背の高い人の集まり」に属するとも属さないとも明確にはいえないからである.

10)　$\mathbb{N}$ は「自然数」を意味する英語 "natural number" の頭文字, $\mathbb{Z}$ は「数」を意味するドイツ語 "Zahl" の頭文字, $\mathbb{Q}$ は「商」を意味する英語 "quotient" の頭文字, $\mathbb{R}$ は「実数」を意味する英語 "real number" の頭文字が由来である.

11)　「a は実数の集合 $\mathbb{R}$ の元である.」という英語 " $\boxed{a}$ is an $\boxed{e}$ lement of $\boxed{\mathbb{R}}$." において, 重要な情報 $\boxed{a}\,\boxed{e}\,\boxed{\mathbb{R}}$ だけを取り出し, e $\to$ $\mathcal{E}$ $\to$ $\in$ と記号化して $a \in \mathbb{R}$ としている, という説がある.

12)　**答 (練習 1.3)**　$0 \in \mathbb{Z}$, $0 \notin \mathbb{N}$

$\underline{a \in \mathbb{R}, \ n \in \mathbb{N} \ \text{に対して}}$, a を n 個掛けたものを a の **n 乗** といい, a^n と表すことにする. つまり,

$$a^n = \underbrace{a \times a \times \cdots \times a}_{n \, \text{個}} \quad (n = 1, 2, 3, \dots)$$

である. このとき, $a, \ a^2, \ a^3, \ \dots, \ a^n, \ \dots$ を a の **累乗** あるいは **べき乗** といい, a を a^n の 底, n を a^n の 指数 という[13]. また, 特に a^2 を a の 平方, a^3 を a の 立方 ともいう.

逆に, $\underline{2 \ \text{以上の} \ n \in \mathbb{N} \ \text{と} \ a \in \mathbb{R} \ \text{に対して}}$, n 乗して a になる実数, つまり

$$x^n = a \quad (n \geq 2)^{[14]}$$

を満たす $x \in \mathbb{R}$ を a の **n 乗根** という.

指数 n が奇数の場合 (図 1.4 左[15]), どの $a \in \mathbb{R}$ に対しても $x^n = a$ を満たす $x \in \mathbb{R}$ はただ 1 つ存在する. そこで, その n 乗根を $\sqrt[n]{a}$ と表す.

一方, 指数 n が偶数の場合 (図 1.4 右[16]), $a > 0$ に対して $x^n = a$ を満たす $x \in \mathbb{R}$ が 2 つ存在するが, それらの符号を無視すれば等しい. そこで, その n 乗根の 正 のほうを $\sqrt[n]{a}$ と表し, 負 のほうを $-\sqrt[n]{a}$ と表す. また, $a = 0$ のときはその n 乗根は 0 のみであるから, $\sqrt[n]{0} = 0$ と定める. なお, n が偶数で $a < 0$ のときは $x^n = a$ を満たす $x \in \mathbb{R}$ は存在しないので, この場合は $\sqrt[n]{a}$ を考えることはできない[17].

以上をまとめると, 次のようになる.

$n \in \mathbb{N}$, $n \geq 2$, $a \in \mathbb{R}$ とする. $x^n = a$ を満たす $x \in \mathbb{R}$ は

指数 n が奇数のとき：　$x = \sqrt[n]{a}$

指数 n が偶数のとき：　$x = \begin{cases} \pm \sqrt[n]{a} & (a > 0) \\ 0 & (a = 0) \\ \text{存在しない} & (a < 0) \end{cases}$

---

[13]　指数が自然数のときを「累乗」, 実数のときを「べき乗」と区別する場合もある.

[14]　記号 $\geq$ は不等号 $\geqq$ と同じ意味である. 同様に, 記号 $\leq$ は $\leqq$ と同じ意味である.

[15]　例えば $y = x^3$ のグラフを考えればよいが, 詳しくは 4.3.1 項を参照のこと.

[16]　例えば $y = x^2$ のグラフを考えればよいが, 詳しくは 4.3.1 項を参照のこと.

[17]　x を複素数にまで拡げると, この式を満たす x は存在する. 1.7 節を参照.

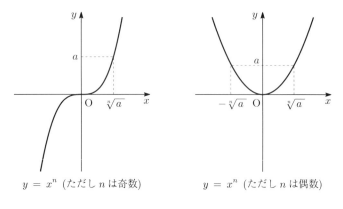

$y = x^n$ (ただし n は奇数) $y = x^n$ (ただし n は偶数)

図 1.4　指数が奇数の場合と偶数の場合のイメージ

　なお, $\pm\sqrt[n]{a}$ は $\sqrt[n]{a}$ と $-\sqrt[n]{a}$ の両方を表す. また, $\sqrt[2]{\ \ }$, $\sqrt[3]{\ \ }$, ..., $\sqrt[n]{\ \ }$, ... を **累乗根** といい, 特に2乗根 $\sqrt[2]{\ \ }$ を **平方根** といって $\sqrt{\ \ }$ と表し, 3乗根 $\sqrt[3]{\ \ }$ を **立方根** ともいう. $\sqrt{\ \ }$ の記号自体を 一般に **根号** というが, 記号 $\sqrt[n]{a}$ は「n 乗根 a」と読み,「a の n 乗根」とは区別している (前ページ下部の囲み参照).

例 1.4　(1) $x^3 = 27$ を満たす $x \in \mathbb{R}$ は, 指数が 3 の奇数であるから, この式を満たす x はただ 1 つ存在して

$$x = \sqrt[3]{27} = \sqrt[3]{3^3} = 3$$

である. 実際, $x = 3$ のとき, $x^3 = 3^3 = 27$ である.

　(2) $x^4 = \dfrac{16}{81}$ を満たす $x \in \mathbb{R}$ は, 指数が 4 の偶数で, 右辺は $\dfrac{16}{81} > 0$ であるから, この式を満たす x は 2 つ存在して

$$x = \pm\sqrt[4]{\frac{16}{81}} = \pm\sqrt[4]{\left(\frac{2}{3}\right)^4} = \pm\frac{2}{3}$$

である. 実際, $x = \pm\dfrac{2}{3}$ のとき, $x^4 = \left(\pm\dfrac{2}{3}\right)^4 = \dfrac{16}{81}$ である.

　(3) $x^2 = -9$ を満たす $x \in \mathbb{R}$ は, 指数が 2 の偶数で, 右辺は $-9 < 0$ であるから, この式を満たす x は存在しない. 実際, $x = a$ とすると $x^2 = a^2 \geq 0$ となり, $x^2 \neq -9$ である. ■

練習 1.4 [18) 次の各式を満たすような $x \in \mathbb{R}$ をすべて求めなさい.
存在しないときは「存在しない」と答えなさい.

(1) $x^2 = 16$ (2) $x^4 = -32$ (3) $x^3 = -\dfrac{1}{125}$

1.4 指 数 法 則

5^2 と 5^4 を掛けたものを考える. 指数の定義にしたがって書き換えると

$$5^2 \times 5^4 = \underbrace{5 \times 5}_{2\,個} \times \underbrace{5 \times 5 \times 5 \times 5}_{4\,個}$$

$$= \underbrace{5 \times 5 \times 5 \times 5 \times 5 \times 5}_{(2+4)\,個} = 5^{2+4}$$

であるから, $5^2 \times 5^4 = 5^{2+4} = 5^6$ が成り立つことわかった.

では, 5^2 を 3 回掛けたものはどうだろうか? やはり同じように定義にしたがって書き換えると,

$$\left(5^2\right)^3 = \underbrace{5^2 \times 5^2 \times 5^2}_{3\,個}$$

$$= \underbrace{\underbrace{5 \times 5}_{2\,個} \times \underbrace{5 \times 5}_{2\,個} \times \underbrace{5 \times 5}_{2\,個}}_{(2\times3)\,個} = 5^{2\times3}$$

であるから, $\left(5^2\right)^3 = 5^{2\times3} = 5^6$ が成り立つことがわかった.

そこで, 上にあげた具体例を参考にして, 累乗の底を実数 a とし, 指数を自然数 m, n に一般化して考えても同様な関係式が成り立つことがわかる.

したがって, 累乗は **指数法則** とよばれる次の関係式を満たす.

---

18) 答 (練習 **1.4**) (1) $x = \pm 4$ (2) 存在しない (3) $x = -\frac{1}{5}$

定理 1.1 (指数法則 (指数が<u>自然数の場合</u>))

$a , b \in \mathbb{R}$, $\underline{m , n \in \mathbb{N}}$ に対して, 次が成り立つ.

(1) $a^m a^n = a^{m+n}$ (2) $(a^m)^n = a^{mn}$ (3) $(ab)^n = a^n b^n$

証明   (1), (2) については, 冒頭の具体例を参考にすれば等式が導ける.

(3) については, 次のようにして確かめることができる.

$$(ab)^n = \underbrace{(a \times b) \times (a \times b) \times \cdots \times (a \times b)}_{n \text{個}}$$

$$= \underbrace{a \times a \times \cdots \times a}_{n \text{個}} \times \underbrace{b \times b \times \cdots \times b}_{n \text{個}} = a^n b^n$$

□

例 1.5 [19]   (1) $2^5 = 2^{2+3} = 2^2 \times 2^3 = 4 \times 8 = 32$

(2) $2^6 = 2^{3\times2} = (2^3)^2 = 8^2 = 64$

(3) $20^3 = (2 \times 10)^3 = 2^3 \times 10^3 = 8 \times 1000 = 8000$ ■

練習 1.5 [20]   指数法則を用いて, 次の値を求めなさい.

(1) 3^5 (2) 2^{10} (3) 30^4

　定理 1.1 で述べた指数法則では, 指数を「自然数」と限定していたが, これを「整数」「有理数」「実数」に対しても成り立つよう, 概念を拡張したい.

　まずは, 2 の累乗を次のように並べてみよう.

$$2^3 = 2 \times 2 \times 2$$
$$2^2 = 2 \times 2$$
$$2^1 = 2$$

（$\times \dfrac{1}{2}$）

上から順に見ていくと, 指数が 1 小さくなると 値は $\dfrac{1}{2}$ 倍 されていることがわかる. この法則にもとづいて $2^0, 2^{-1}, 2^{-2}, 2^{-3}$ を次のように考える.

---

19) 必ずしも, このとおりに計算する必要はない.

20) 答 (練習 1.5)   (1) 243 (2) 1024 (3) 810000

$$2^1 = 2$$

$$2^0 = 1$$

$$2^{-1} = \frac{1}{2}$$

$$2^{-2} = \frac{1}{2 \times 2}$$

$$2^{-3} = \frac{1}{2 \times 2 \times 2}$$

つまり，$2^{\boxed{0}} = 1$，$2^{-\boxed{1}} = \dfrac{1}{2^{\boxed{1}}}$，$2^{-\boxed{2}} = \dfrac{1}{2^{\boxed{2}}}$ である．このとき，次の関係式

$$2^{-2} \times 2^{-3} = \frac{1}{2^2} \times \frac{1}{2^3} = \frac{1}{2^2 \times 2^3}$$

$$= \frac{1}{2^{2+3}} = 2^{-(2+3)} = 2^{(-2)+(-3)}$$

$$\left(2^{-2}\right)^{-3} = \left(\frac{1}{2^2}\right)^{-3} = \frac{1}{\left(\frac{1}{2^2}\right)^3} = \frac{1 \times \left(2^2\right)^3}{\frac{1}{\left(2^2\right)^3} \times \left(2^2\right)^3}$$

$$= \left(2^2\right)^3 = 2^{2 \times 3} = 2^{(-2) \times (-3)}$$

が成り立つ[21]．そこで，上にあげた具体例を参考にして，実数 $a \neq 0$ を底とする累乗 a^m の指数 m を整数まで拡張するために

$$a^0 = 1, \qquad a^{-n} = \frac{1}{a^n} \quad (n = 1, 2, 3, \dots, \ a \neq 0)$$

と定めると，累乗の指数を 整数にまで 拡張しても指数法則 (1), (2) が成り立つことがわかる．

　次に，累乗の指数を整数だけでなく 有理数にまで 拡張することを考える．
　指数法則 (1) $a^m a^n = a^{m+n}$ において，指数 m が自然数の代わりに，整数 0 および $-n$ をとるときにも (1) 式 が成り立つとすると[22]，

$$a^0 a^n = a^{0+n} = a^n, \qquad a^{-n} a^n = a^{-n+n} = a^0$$

---

[21]　分母と分子に同じ数を掛ける操作を 倍分 という．約分に対する用語である．

[22]　n は指数法則の条件どおり「自然数」とする．

が満たされる. そこで, $a \neq 0$ のとき, それぞれの両辺を $a^n \, (\neq 0)$ で割ると, a^0 と a^{-n} は

$$a^0 = 1, \quad a^{-n} = \frac{1}{a^n} \quad (n = 1, 2, 3, \ldots, \; a \neq 0)$$

とすでに定めたようになる.

同様に, 指数法則 (2) $(a^m)^n = a^{mn}$ において, 指数 m が自然数の代わりに有理数 $\frac{1}{n}$ をとるときにも (2) 式 が成り立つとすると,

$$\left(a^{\frac{1}{n}}\right)^n = a^{\frac{1}{n} \times n} = a^1 = a$$

が満たされる. そこで, 2 以上のすべての $n \in \mathbb{N}$ に対して n 乗根が存在するように $n \geq 2$, $a > 0$ とし, $a^{\frac{1}{n}}$ を

$$a^{\frac{1}{n}} = \sqrt[n]{a} \quad (n = 2, 3, \ldots, \; a > 0)$$

と定めればよい.

以上の考察から, <u>$a > 0$ に対して</u>その累乗 a^n の指数 n は次のように「自然数」に限らず, 「整数」そして「有理数」にまで拡張できる.

<u>$a > 0$</u> とする[23].

(1) 自然数 : $a^n = \underbrace{a \times a \times \cdots \times a}_{n \, \text{個}} \quad (n = 1, 2, 3, \ldots)$

(2) 整 数 : $a^0 = 1$, $\quad a^{-n} = \dfrac{1}{a^n} \quad (n = 1, 2, 3, \ldots)$

(3) 有理数 : $a^{\frac{m}{n}} = \sqrt[n]{a^m}$, $\quad a^{-\frac{m}{n}} = \dfrac{1}{\sqrt[n]{a^m}}$

$$(m = 1, 2, 3, \ldots, \; n = 2, 3, 4, \ldots)$$

注意 指数は「自然数」「整数」「有理数」だけでなく, さらに「実数」にまで拡張することができる. しかし, その過程を理解するためには, 有理数の「稠密性」とよばれる性質についての知識が必要になるため, ここでは深く立ち入らずに認めることにする.

---

23) ここの a は, 条件は書かれているものの「どのような数」かは明記されていない. これは, p.2 に記載のとおりで, 特に何も書かれていなければ「実数」を意味する. つまり, この場合の a は $a > 0$ を満たす「実数」ということである.

このように拡張した累乗 a^r $(r \in \mathbb{R})$ も, 次の **指数法則** を満たす.

定理 1.2 (指数法則 (指数が実数の場合))

$a > 0,\ b > 0,\ r, s \in \mathbb{R}$ とするとき, 次が成り立つ.

(1) $a^r a^s = a^{r+s}, \qquad \dfrac{a^r}{a^s} = a^{r-s}$

(2) $(a^r)^s = a^{rs}$

(3) $(ab)^r = a^r b^r, \qquad \left(\dfrac{a}{b}\right)^r = \dfrac{a^r}{b^r}$

例 1.6　(1) $5^{\frac{2}{3}} \times 5^{\frac{1}{3}} = 5^{\frac{2}{3}+\frac{1}{3}} = 5^1 = 5$

(2) $49^{-\frac{1}{2}} = (7^2)^{-\frac{1}{2}} = 7^{2\times\left(-\frac{1}{2}\right)} = 7^{-1} = \dfrac{1}{7}$

(3) $\left(\dfrac{16}{81}\right)^{\frac{3}{4}} = \left(\dfrac{2^4}{3^4}\right)^{\frac{3}{4}} = \left\{\left(\dfrac{2}{3}\right)^4\right\}^{\frac{3}{4}} = \left(\dfrac{2}{3}\right)^{4\times\frac{3}{4}}$

$\qquad\qquad = \left(\dfrac{2}{3}\right)^3 = \dfrac{2^3}{3^3} = \dfrac{8}{27}$

練習 1.6 [24)]　次の累乗の値を求めなさい.

(1)　100^0　　　(2)　$36^{\frac{1}{4}}$　　　(3)　$64^{-\frac{1}{3}}$

1.5　整　式

　$3a^2x$ のように, 実数と文字を掛けたものを **単項式** という. 単項式においてある特定の文字に着目したとき, その着目した文字の個数を **次数** といい, その文字以外の部分を **係数** という. 例えば, $3a^2x$ という単項式に対して x に着目すると, 次数は x の個数なので 1, 係数は x 以外の部分なので $3a^2$ である. 一方, a に着目すれば, 次数は a の個数なので 2, 係数は a 以外の部分なので $3x$ である.

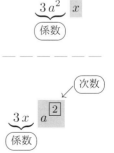

24)　答 (練習 **1.6**)　　(1) 1　(2) $\sqrt{6}$　(3) $\frac{1}{4}$

いくつかの単項式の和を **多項式** といい, そのときの 1 つ 1 つの単項式を **項** という. また, 単項式と多項式をあわせて **整式** という. 多項式の各項の次数のうち, 最大のものを 多項式の **次数** と定める. 多項式の次数が n であるとき, **n 次多項式** あるいは **n 次式** という.

例 1.7   多項式

$$3a^2x + 2ax^4 - x^3$$

において, x に着目すると, 各項の x の個数は 1, 4, 3 であるから, この多項式の次数は 4 である. よって, この多項式は x の 4 次式 であり, 降べきの順に並べ替えると[25]

$$2a\,\boxed{x^4} - \boxed{x^3} + 3a^2\,\boxed{x}$$

である. また, a に着目すれば, 同様に 2, 1, 0 であるから, この多項式の次数は 2 である. よって, この多項式は a の 2 次式 である.

$$3x\,\boxed{a^2} + 2x^4\,\boxed{a} - x^3$$

練習 1.7 [26]   多項式 $x^3y - 9xy^2 + x^2z + 3y^2z$ において, 着目する文字を x としたときの次数を求め, 降べきの順に並べ替えなさい. また, 着目する文字を y や z にしたときの次数はどうなるか, それぞれ答えなさい.

1.6   小   数

小数は整数と整数の間の数を表す際に用いられるが, 小数点以下の数の様子により, 次のように 3 つに分けることができる.

---

25) **降べきの順** とは, 着目している文字の累乗の指数が大きい項から順に並べることである. これとは逆に, 指数の小さい項から順に並べることを **昇べきの順** という.

26) **答 (練習 1.7)** x に着目すると次数は 3 で, 降べきの順に並べ替えると $yx^3 + zx^2 - 9y^2x + 3y^2z$. また y に着目すると次数は 2, 一方, z に着目すると次数は 1.

(1) あるところで終わる: $\ 0.5,\ 0.8,\ 0.125\ $ など.

(2) ある数の並びが繰り返され, それが無限に続く:

　$0.33333\ldots\,(= 0.\dot{3}\,$ と表す $)$, $\ 0.123123123\ldots\,(= 0.\dot{1}2\dot{3}\,$ と表す $)$ など.

(3) 不規則に無限に続く:

　$3.14159265\ldots\,(= \pi)$, $\ 1.41421356\ldots\,(= \sqrt{2}\,)$ など.

　(1) のように, 小数点以下の数があるところで終わる小数を **有限小数**, また, (2) や (3) のように小数点以下の数が限りなく続く小数を **無限小数** という. 特に, (2) のようにある数の並びが繰り返される無限小数を **循環小数**, (3) のように循環しない無限小数を **非循環小数** という. 有限小数と循環小数は分数で表せるので有理数であり, 非循環小数は分数で表せないので無理数である. 以下の例で, 有限小数と循環小数を分数で表す方法を紹介する.

例 1.8　　(1) 有限小数を分数で表すには,

$$0.1 = \frac{1}{10}, \quad 0.01 = \frac{1}{100}, \quad 0.001 = \frac{1}{1000}, \quad \cdots$$

を用いて計算すればよい. 例えば, 0.125 は最後に可能な限り約分すると

$$0.125 \;=\; 125 \times \boxed{0.001} \;=\; 125 \times \boxed{\frac{1}{1000}} \;=\; \frac{125}{1000} \;=\; \frac{1}{8}$$

　(2) 循環小数は, 循環部分をうまく消すことによって分数で表すことができる. 例えば, $0.\dot{3}$ を分数で表すには, $x = 0.\dot{3}$ とおくと

$$10\,x \;=\; 3.333333333\ldots$$
$$x \;=\; 0.333333333\ldots$$

であるから, 辺々引き算すると[27]

$$\boxed{(10 - 1)}\,x \;=\; 3$$

となり, これから x を求めれば

$$x \;=\; \frac{3}{\boxed{10 - 1}} \;=\; \frac{3}{9} \;=\; \frac{1}{3}$$

であるから, $0.\dot{3} = \dfrac{1}{3}$ である. あるいは, 小数部分の引き算に違和感をもつようであれば, 等比数列の和の性質

---

27)　辺々とは, 「左辺どうし, 右辺どうし」ということ.

$$1 + r + r^2 + r^3 + \cdots + r^{n-1} + \cdots \;=\; \frac{1}{1-r} \quad (-1 < r < 1)$$

を利用して以下のように求めてもよい[28].

$$\begin{aligned}
0.\dot{3} \;=\; 0.3333\ldots &= 0.3 + 0.03 + 0.003 + 0.0003 + \cdots \\
&= \boxed{0.3} \times \left(1 + 0.1 + 0.01 + 0.001 + \cdots\right) \\
&= \boxed{0.3} \times \left(1 + \boxed{0.1} + \boxed{0.1}^2 + \boxed{0.1}^3 + \cdots\right) \\
&= \boxed{0.3} \times \frac{1}{1 - \boxed{0.1}} = \frac{0.3}{0.9} = \frac{1}{3}
\end{aligned}$$

(3) 循環する部分が複数の数からなる場合, 例えば, $0.\dot{1}2\dot{3}$ を分数で表すには, $y = 0.\dot{1}2\dot{3}$ とおくと

$$\begin{aligned}
1000\,y &= 123.123123123\ldots \\
y &= 0.123123123\ldots
\end{aligned}$$

であるから, (2) と同様に辺々引き算して y を求めれば

$$y \;=\; \frac{123}{1000 - 1} \;=\; \frac{123}{999} \;=\; \frac{41}{333}$$

より $0.\dot{1}2\dot{3} = \dfrac{41}{333}$ である.

(4) $-1.\dot{2}3\dot{4}$, $0.0\dot{1}\dot{2}$ などの少々複雑な循環小数は, 以下のように工夫する.

$$\begin{aligned}
-1.\dot{2}3\dot{4} &= -1 - \boxed{0.\dot{2}3\dot{4}} = -1 - \frac{234}{1000 - 1} \\
&= -1 - \frac{234}{999} = -\left(1 + \frac{234}{999}\right) = -\left(1 + \frac{26}{111}\right) = -\frac{137}{111} \\
0.0\dot{1}\dot{2} &= \boxed{0.\dot{1}\dot{2}} \times 0.1 = \frac{12}{100 - 1} \times \frac{1}{10} \\
&= \frac{12}{99} \times \frac{1}{10} = \frac{4}{33} \times \frac{1}{10} = \frac{2}{165} \qquad\blacksquare
\end{aligned}$$

注意 　例 1.8 で求めた分数を電卓で計算し, 小数で表示して確かめてみよう.

---

28) 詳しくは, 高等学校「数学 Ⅲ」の教科書や参考書を参照するとよい. あるいは, 2.2.6 項を参考に 初項から第 n 項までの和 を計算して, $n \to \infty$ とすればよい (第 2 章 章末問題【B】7).

練習 1.8 [29] 次の小数を分数で表しなさい (整数となることもある).

(1) 0.75 (2) $0.\dot{9}$ (3) $0.1\dot{2}3\dot{4}$ (4) $0.\dot{1}4285\dot{7}$ (5) $0.\dot{2}8571\dot{4}$

1.7 複素数

2乗すると -1 になる数を **虚数単位** といい, それを i と表す[30]. つまり,

$$i^2 = -1$$

である. $a, b \in \mathbb{R}$ に対して, $a+bi$ を **複素数** といい[31], 複素数の集合を $\mathbb{C}$ と表す[32]. また, $a+bi$ の a を **実部**, b を **虚部** という[33]. $b = 0$ のときは実数である. また, $b \neq 0$ のとき, つまり実数でない複素数を **虚数** といい, さらに $a = 0$ であるような虚数を **純虚数** という.

2つの複素数 $a+bi$, $c+di$ $(a, b, c, d \in \mathbb{R}, i^2 = -1)$ が **等しい** とは, 実部と虚部がそれぞれ等しい, つまり

$$a = c \qquad \text{かつ} \qquad b = d$$

のときをいう. また, 複素数 $z = a+bi$ に対して, z の虚部の符号を変えた複素数を z の **共役複素数** といい, $\overline{z}$ と表す. つまり, $\overline{z} = a - bi$ である.

例 1.9　$z = 1+2i$ の共役複素数は $\overline{z} = 1-2i$ である. ■

練習 1.9 [34]　$z = -3-4i$ の共役複素数 $\overline{z}$ を求めなさい.

---

29) 答 (練習 **1.8**)　(1) $\frac{3}{4}$ (2) 1 (3) $\frac{137}{1110}$ (4) $\frac{1}{7}$ (5) $\frac{2}{7}$
30) $i = \sqrt{-1}$ と表すこともある. 虚数単位の記号 i は, 「虚数単位」を意味する英語 "imaginary unit" の頭文字が由来である. また, 電気工学などの分野では, 電流を表す記号として i を用いるため, 虚数単位としては i の次のアルファベットである j を用いることもある.
31) $a+ib$ のように i を係数の前に書く場合もある.
32) 「複素数」を意味する英語 "complex number" の頭文字が由来である.
33) 虚部は b ($\in \mathbb{R}$) のことで, bi ではないので注意!!
34) 答 (練習 **1.9**)　$\overline{z} = -3+4i$

複素数の四則演算については, 以下のルールにしたがって計算する.

> **複素数の演算ルール**
>
> (1) $a > 0$ に対して, $\sqrt{-a}$ が現れたら それを $\sqrt{a}\,i$ に置き換える.
> (2) 虚数単位 i を文字と思って, 実数の式と同じように計算する.
> (3) 計算の途中で i^2 が現れたら, それを -1 に置き換える.
> (4) 計算結果は, 実部と虚部がそれぞれ明確になるよう整理する.

複素数どうしの割り算では, まず割り算を分数で表し[35], 分母の共役複素数を分母と分子のそれぞれに掛けると, 分母を実数にすることができる[36].

例 1.10　$z_1 = 1 + 2i$, $z_2 = 3 - 4i$ とするとき, $z_1 + z_2$, $z_1 - z_2$, $z_1 z_2$, $\dfrac{z_1}{z_2}$ をそれぞれ求めてみよう.

$$z_1 + z_2 = (1 + 2i) + (3 - 4i) = (1 + 3) + (2 - 4)i = 4 - 2i$$

$$z_1 - z_2 = (1 + 2i) - (3 - 4i) = (1 - 3) + (2 - (-4))i = -2 + 6i$$

$$z_1 z_2 = (1 + 2i)(3 - 4i) = 3 - 4i + 6i - 8\,i^2$$

$$= 3 + 2i - 8 \cdot (-1) = 11 + 2i$$

$$\frac{z_1}{z_2} = \frac{1 + 2i}{3 - 4i} = \frac{(1 + 2i) \times (3 + 4i)}{(3 - 4i) \times (3 + 4i)} = \frac{3 + 4i + 6i + 8i^2}{9 - 16i^2}$$

$$= \frac{3 + 10i - 8}{9 + 16} = \frac{-5 + 10i}{25} = -\frac{1}{5} + \frac{2}{5}i \qquad \blacksquare$$

> **練習 1.10** [37]　$z_3 = 1 - 2i$, $z_4 = 3 + 4i$ とするとき,
> $z_3 + z_4$, $z_3 - z_4$, $z_3 z_4$, $\dfrac{z_3}{z_4}$ をそれぞれ求めなさい.

注意　練習 1.10 の z_3, z_4 は, それぞれ例 1.10 の z_1, z_2 の共役複素数となって

---

[35] $z_1 \div z_2 = \frac{z_1}{z_2}$ である.

[36] 実際, 分母が $z = a + bi$ のとき, $z\overline{z} = (a + bi)(a - bi) = a^2 - (bi)^2 = a^2 + b^2 \in \mathbb{R}$ である.

[37] 答 (練習 **1.10**)　$z_3 + z_4 = 4 + 2i$, $z_3 - z_4 = -2 - 6i$, $z_3 z_4 = 11 - 2i$, $\frac{z_3}{z_4} = -\frac{1}{5} - \frac{2}{5}i$

いるので, $z_3 = \overline{z_1}$, $z_4 = \overline{z_2}$ である. 四則演算の結果を比べてみると, 四則演算は共役な関係を保つことに気がつくであろう (章末問題【B】1).

複素数は, 工学の制御理論や振動解析, 回路解析, フーリエ解析などいろいろな場面で使われるが,

> 本書では以後, 第3章と第8章を除いて特に断らない限り
> 複素数は扱わずに, 実数までの範囲で考えることにする[38].

1.8 二 重 根 号

$\left(\sqrt{3}+\sqrt{2}\right)^2$ を展開すると

$$\left(\sqrt{3}+\sqrt{2}\right)^2 = \sqrt{3}^2 + 2\cdot\sqrt{3}\cdot\sqrt{2} + \sqrt{2}^2 = 5+2\sqrt{6}$$

であるから, $\sqrt{3}+\sqrt{2}$ は $5+2\sqrt{6}$ の正の平方根である[39]. つまり,

$$\sqrt{5+2\sqrt{6}} = \sqrt{3}+\sqrt{2}$$

である. このように, 根号の中に根号を含む式を **二重根号** といい, 二重根号を二重根号を含まない式にすることを **二重根号をはずす** という. どの二重根号も必ずはせるというわけではない. 一般に, $a>0$, $b>0$ に対して

$$\left(\sqrt{a}\pm\sqrt{b}\right)^2 = a+b\pm 2\sqrt{ab} \qquad \text{(複号同順)}$$

であることから, 以下のことがわかる.

┌ 二重根号のはずし方 ┐

$a>0$, $b>0$ とするとき, 次が成り立つ.

(1) $\sqrt{a+b+2\sqrt{ab}} = \sqrt{a}+\sqrt{b}$

(2) $\sqrt{a+b-2\sqrt{ab}} = \sqrt{a}-\sqrt{b}$ <u>ただし, $a>b$ とする[40]</u>.

---

38) なお, 特に複素数の微分積分学の知識が必要になったら, 関数論や複素解析学という分野の本をみるとよい.

39) $\sqrt{3}>0$, $\sqrt{2}>0$ より $\sqrt{3}+\sqrt{2}>0$ に注意.

40) $\sqrt{a+b-2\sqrt{ab}} > 0$ であるから, $\sqrt{a}-\sqrt{b} > 0$ とするためには $a>b$ という条件が必要である.

例 1.11   (1) $\sqrt{5 + 2\sqrt{6}} \; = \; \sqrt{3 + 2 + 2\sqrt{3 \cdot 2}} \; = \; \sqrt{3} + \sqrt{2}$

(2) $\sqrt{7 - \sqrt{48}} \; = \; \sqrt{7 - 2\sqrt{12}} \; = \; \sqrt{4 + 3 - 2\sqrt{4 \cdot 3}}$

$\quad\; = \; \sqrt{4} - \sqrt{3} \; = \; 2 - \sqrt{3}$

(3) $\sqrt{3 + \sqrt{5}} \; = \; \sqrt{\dfrac{6 + 2\sqrt{5}}{2}} \; = \; \sqrt{\dfrac{5 + 1 + 2\sqrt{5 \cdot 1}}{2}}$

$\quad\; = \; \dfrac{\sqrt{5} + 1}{\sqrt{2}} \; = \; \dfrac{\left(\sqrt{5} + 1\right) \times \sqrt{2}}{\sqrt{2} \times \sqrt{2}} \; = \; \dfrac{\sqrt{10} + \sqrt{2}}{2}$ ∎

注意   (2) では，$\sqrt{48} = 4\sqrt{3}$ ではなく，二重根号のはずし方にあるように，ルートの前に 2 を出すため，$\sqrt{48} = 2\sqrt{12}$ としている．また，$\left(\sqrt{4} - \sqrt{3}\right)^2 = \left(\sqrt{3} - \sqrt{4}\right)^2$ だが，$\sqrt{4} - \sqrt{3} > 0$，$\sqrt{3} - \sqrt{4} < 0$ であることに注意．

(3) はルートの前に無理やり 2 をつくるために，分母分子に 2 を掛けている．このような工夫が必要な場面もあるので覚えておこう．なお，このような工夫をしても二重根号をはずせないものもある．

練習 1.11 [41)]   二重根号をはずしなさい．

(1) $\sqrt{3 + 2\sqrt{2}}$ (2) $\sqrt{6 - \sqrt{32}}$ (3) $\sqrt{5 - \sqrt{21}}$

1.9 記 数 法

ある決められた数字や記号を使って数を表記する方法を **記数法** という．具体的には，我々が普段使っている 10 進法や，コンピュータで用いられる 2 進法などがそれにあたる．本節では，これら記数法のしくみについて説明する．

1.9.1 n 進 法

0 から 9 までの 10 個の整数を用いて数を表現する方法を **10 進法** といい，10 進法によって表される数を **10 進数** という．まずは，この 10 進数のしくみを詳しくみてみよう．例えば，314.15 という 10 進数は，以下のように 10 の累乗をもとにした構造になっている．

---

41) 答 (練習 **1.11**)   (1) $\sqrt{2} + 1$ (2) $2 - \sqrt{2}$ (3) $\frac{\sqrt{14} - \sqrt{6}}{2}$

$$314.15 = 300 + 10 + 4 + 0.1 + 0.05$$
$$= 3 \times 10^{2} + 1 \times 10^{1} + 4 \times 10^{0} + 1 \times 10^{-1} + 5 \times 10^{-2}$$

3	1	4	.	1	5
10^{2}	10^{1}	10^{0}		10^{-1}	10^{-2}

この考えを一般化し, $n \in \mathrm{N}$, $n \geq 2$ に対して, 0 から $n-1$ までの n 個の整数を用いて数を表現する方法を **n 進法** といい, n 進法によって表される数を **n 進数** という. また, このときの n を **基数** あるいは **底** という. n 進数の 100 を表すときは $(100)_n$ と記すが[42], 状況により n 進数を扱っていることが明らかな場合は, 単に 100 と書くこともある. この基数 $n \in \mathrm{N}$ が $11 \leq n \leq 36$ の場合は, 9 より大きい整数を順に A, B, C, ..., Z とアルファベット大文字 1 字で表すことにする[43]. 本節では, 10 進数のほかに, **2 進数** と **16 進数** を扱うが, 2 進数では 0 と 1 だけ用い, 16 進数では 0 から 9 までの整数と, 以下の対応をもつアルファベット大文字 A から F を用いる.

A = 10, B = 11, C = 12, D = 13, E = 14, F = 15

例えば, $(a_2 \, a_1 \, a_0 \, . \, b_1 \, b_2)_n$ という n 進数は, 以下のように定義される. ただし, a_0, a_1, a_2, b_1, b_2 はそれぞれ 0 以上 $n-1$ 以下の整数であるが, $n \geq 10$ の場合は適宜, 対応するアルファベット等に読み替えること.

$$(a_2 \, a_1 \, a_0 \, . \, b_1 \, b_2)_n$$
$$= a_2 \times n^{2} + a_1 \times n^{1} + a_0 \times n^{0} + b_1 \times n^{-1} + b_2 \times n^{-2}$$

a_2	a_1	a_0	.	b_1	b_2
n^{2}	n^{1}	n^{0}		n^{-1}	n^{-2}

このことから, n 進数を 10 進数で表現することができる. 具体的には次項で扱うが, 参考までに 10 進数と, 2 進数, 3 進数, 4 進数, 8 進数, 16 進数の対応表 1.1 を章末に掲載する.

---

[42] $100_{(n)}$ と記すこともある.

[43] 小文字を使うこともある. $n \geq 37$ の場合は, そのときの定義を確認すること.

1.9.2 基 数 変 換

ある基数で表された数を，別の基数の数で表現することを **基数変換** という．

(1) 2 進数の整数・有限小数 → 10 進数 の場合．

例 1.12　2 進数 $(1010.011)_2$ を 10 進数で表してみよう．
いくつか方法があるが，ここでは 2 通り紹介する[44]．

方法 1　定義にしたがって計算すると，

$$(1010.011)_2 = 1 \times 2^3 + 0 \times 2^2 + 1 \times 2^1 + 0 \times 2^0$$
$$+ 0 \times 2^{-1} + 1 \times 2^{-2} + 1 \times 2^{-3}$$
$$= 2^3 + 2^1 + 2^{-2} + 2^{-3}$$
$$= 8 + 2 + \frac{1}{4} + \frac{1}{8} = (10.375)_{10}$$

1	0	1	0	.	0	1	1
2^3	2^2	2^1	2^0		2^{-1}	2^{-2}	2^{-3}

方法 2　プログラミングを意識して，次のように計算することもできる[45],[46]．

$$(1010.0\underline{1}\underline{1})_2$$
$$= 1 \times 2^3 + 0 \times 2^2 + 1 \times 2^1 + 0 \times 2^0$$
$$+ 0 \times 2^{-1} + \underline{1} \times 2^{-2} + \underline{1} \times 2^{-3}$$
$$= 1*2*2*2+0*2*2+1*2+0*1$$
$$+ 0/2 + \underline{1}/2/2 + \underline{1}/2/2/2$$
$$= ((1*2+0)*2+1)*2+0$$
$$+((\underline{1}/2+\underline{1})/2+0)/2 = 10 + \frac{3}{8} = (10.375)_{10} \quad ■$$

---

44)　答えを「小数」で表すか「分数」で表すかは，問題文の表記にそろえること．

45)　この計算方法を **ホーナーの方法** という．もっとも少ない回数の演算 (加減乗除) で計算できることが知られている．小数部分の順序が逆転するので注意すること．

46)　一部，表記をタイプライター書式にしている．なお，*, / はそれぞれ ×, ÷ のことである．

練習 1.12 [47) 次の2進数を10進数で表しなさい.
(1) $(100)_2$　　　(2) $(1001)_2$　　　(3) $(11111)_2$　　　(4) $(1111.11)_2$

(2) 2進数の循環小数 → 10進数 の場合.

1.6 節で紹介した循環小数を分数で表すときの過程が参考になる. なお, $(10)_2 = 1 \times 2^1 + 0 \times 2^0 = (2)_{10}$ であるから, 以下のことに注意しよう.

2進数の小数点を右に1つずらすこと(シフトという)は,
$(10)_2$ 倍すること, つまり $(2)_{10}$ を掛けることと同じである.

例 1.13　2進数 $(0.0\dot{0}1\dot{1})_2$ を10進数で表してみよう.
$x = (0.0\dot{0}1\dot{1})_2$ とおくと, 繰り返し部分に注意して

$$(10000)_2 \, x = (11.011011011\ldots)_2$$
$$(10)_2 \, x = (0.011011011\ldots)_2$$

であるから, 辺々引き算すると

$$\left((10000)_2 - (10)_2 \right) x = (11)_2$$

となり, これから x を求めれば

$$x = \frac{(11)_2}{(10000)_2 - (10)_2} = \frac{(3)_{10}}{(16)_{10} - (2)_{10}} = \frac{3}{14} = (0.2\dot{1}4285\dot{7})_{10}$$

あるいは, $(0.0\dot{0}1\dot{1})_2 = (0.\dot{0}1\dot{1})_2 \times (0.1)_2 = \frac{3}{7} \times \frac{1}{2}$ と考えてもよい. ∎

練習 1.13 [48) 次の2進数を10進数で表しなさい.
(1) $(0.\dot{0}01\dot{1})_2$　　　(2) $(0.0\dot{0}01\dot{1})_2$　　　(3) $(0.\dot{0}0\dot{1})_2$

注意　循環小数を基数変換すると有限小数となる場合もあるし, 有限小数を基数変換すると循環小数となる場合もある.

---

47) 答 (練習 **1.12**)　(1) $(4)_{10}$　(2) $(9)_{10}$　(3) $(31)_{10}$　(4) $(15.75)_{10}$
48) 答 (練習 **1.13**)　(1) $(0.2)_{10}$　(2) $(0.1)_{10}$　(3) $(0.\dot{1}42857\dot{7})_{10}$

(3) 16 進数 → 10 進数 の場合.

例 **1.14**　　16 進数 $(4\mathrm{CE.A8})_{16}$ を 10 進数で表してみよう.

方法 **1**　　$(4\mathrm{CE.A8})_{16}$

$$= 4 \times 16^2 + \underbrace{12}_{= \mathrm{C}} \times 16^1 + \underbrace{14}_{= \mathrm{E}} \times 16^0 + \underbrace{10}_{= \mathrm{A}} \times 16^{-1} + 8 \times 16^{-2}$$

$$= 1024 + 192 + 14 + \frac{10}{16} + \frac{8}{256} = (1230.65625)_{10}$$

4	C	E	.	A	8
16^2	16^1	16^0		16^{-1}	16^{-2}

方法 **2**　　ホーナーの方法を用いると,

$$(4\,\mathrm{C}\,\mathrm{E}.\underline{\mathrm{A}}\,\underline{8})_{16} = (\,4 * 16 + \underbrace{12}_{= \mathrm{C}}\,) * 16 + \underbrace{14}_{= \mathrm{E}} + (\underline{8} / 16 + \underbrace{10}_{= \underline{\mathrm{A}}}\,) / 16$$

$$= 76 \times 16 + 14 + \frac{21}{32} = (1230.65625)_{10} \qquad ■$$

練習 **1.14** [49)]　次の 16 進数を 10 進数で表しなさい.
　　(1) $(10)_{16}$　　　(2) $(100)_{16}$　　　(3) $(1\mathrm{B})_{16}$　　　(4) $(\mathrm{FF})_{16}$

(4) 10 進数の整数 → 2 進数 の場合.

例 **1.15**　　10 進数 $(23)_{10}$ を 2 進数で表してみよう.

方法 **1**　　23 から 2 の累乗の数を大きい順にどんどん引いていくと[50)],

$$23 - \underbrace{16}_{= 2^4} = 7, \quad 7 - \underbrace{4}_{= 2^2} = 3, \quad 3 - \underbrace{2}_{= 2^1} = 1, \quad 1 - \underbrace{1}_{= 2^0} = 0$$

より, $(23)_{10} = 2^4 + 2^2 + 2^1 + 2^0$

$$= 1 \times 2^4 + 0 \times 2^3 + 1 \times 2^2 + 1 \times 2^1 + 1 \times 2^0$$

$$= (10111)_2$$

---

49) 答 (練習 **1.14**)　(1) $(16)_{10}$　(2) $(256)_{10}$　(3) $(27)_{10}$　(4) $(255)_{10}$
50) $2^5 = 32$ は 23 より大きいので, $2^4 = 16$ から順次引いていく.

1	0	1	1	1
2^4	2^3	2^2	2^1	2^0

方法 2　23 を 2 で割り，その商 11 をまた 2 で割る．これを商が 2 未満 に

なるまで繰り返し，最後の商とすべての余りを下から順に並べると，それが答え

である．なぜならば，これを和と積の形で表すと，

$$23 = 11 \times 2 + 1$$
$$= \left(5 \times 2 + 1 \right) \times 2 + 1$$
$$= \left(\left(2 \times 2 + 1 \right) \times 2 + 1 \right) \times 2 + 1$$
$$= \left(\left(\left(1 \times 2 + 0 \right) \times 2 + 1 \right) \times 2 + 1 \right) \times 2 + 1$$
$$= 1 \times 2^4 + 0 \times 2^3 + 1 \times 2^2 + 1 \times 2^1 + 1 \times 2^0$$

$$
\begin{array}{r}
2\,)\,\underline{\ 23\ } \\
2\,)\,\underline{\ 11\ } \cdots 1 \uparrow \\
2\,)\,\underline{\ 5\ } \cdots 1 \uparrow \\
2\,)\,\underline{\ 2\ } \cdots 1 \uparrow \\
1 \cdots 0 \uparrow \\
\to \quad \to \nearrow
\end{array}
$$

となっているからである．よって，$(10111)_2$ が答えである．　　　　■

練習 1.15 [51)]　次の 10 進数を 2 進数で表しなさい．

(1) $(4)_{10}$　　　(2) $(9)_{10}$　　　(3) $(31)_{10}$　　　(4) $(63)_{10}$

---

(5) 10 進数の小数 → 2 進数 の場合．

例 1.16　10 進数 $(0.625)_{10}$ を 2 進数で表してみよう．

方法 1　　　　$(0.625)_{10} = (0.b_1\,b_2\,b_3\,b_4\,b_5\,b_6\,\dots)_2$

$(b_i = 0$ または $1,\ i = 1, 2, 3, \dots)$ と書けるとしよう[52)]．この等式の両辺

に $(2)_{10}\left(= (10)_2 \right)$ を掛けて

$$(0.625)_{10} \times (2)_{10} = (0.b_1\,b_2\,b_3\,b_4\,b_5\,b_6\,\dots)_2 \times (10)_2$$

より $(1.25)_{10} = (b_1.b_2\,b_3\,b_4\,b_5\,b_6\,\dots)_2$ の整数部分を比較して

$b_1 = 1$ が得られる．続いて，この両辺の「小数部分」だけを比較し，両辺

に $(2)_{10}\left(= (10)_2 \right)$ を掛けると，

$$(0.25)_{10} \times (2)_{10} = (0.b_2\,b_3\,b_4\,b_5\,b_6\,\dots)_2 \times (10)_2$$

---

51) **答 (練習 1.15)**　(1) $(100)_2$　(2) $(1001)_2$　(3) $(11111)_2$　(4) $(111111)_2$

52) もともとの整数部分が 0 なので，基数変換後の整数部分も 0 である．

より $(0.5)_{10} = (b_2 . b_3\, b_4\, b_5\, b_6\, \dots)_2$ の整数部分を比較して $\boxed{b_2 = 0}$ が得られる. 同様に, この両辺の「小数部分」に $(2)_{10}\left(=(10)_2\right)$ を掛けると,

$$(0.5)_{10} \times (2)_{10} = (0.b_3\, b_4\, b_5\, b_6\, \dots)_2 \times (10)_2$$

より $(1.0)_{10} = (b_3 . b_4\, b_5\, b_6\, \dots)_2$ の整数部分と小数部分をそれぞれ比較して[53], $\boxed{b_3 = 1}$, $\boxed{b_4\, b_5\, b_6\, \dots = 0}$ が得られる. 以上から,

$$(0.625)_{10} = (0.101)_2$$

$\boxed{方法2}$ $(0.625)_{10} = \dfrac{(625)_{10}}{(1000)_{10}} = \dfrac{(5)_{10}}{(8)_{10}}$ であるから, これを2進数

で考えると, $(0.625)_{10} = \dfrac{(5)_{10}}{(8)_{10}} = \dfrac{(101)_2}{(1000)_2} = (0.101)_2$ ■

$\boxed{注意}$ 方法1では, 左辺が1になれば小数部分も比較できて操作完了するが, 必ずしも左辺が1になるとは限らない. このようなときは, 操作途中に前出の小数が現れるので, その間を繰り返す「循環小数」となる. このような場合を, 次の例 1.17 で扱う.

練習 1.16 [54] 次の10進数を2進数で表しなさい.
   (1) $(0.25)_{10}$ (2) $(0.75)_{10}$ (3) $(0.375)_{10}$

例 1.17 10進数 $(0.8)_{10}$ を2進数で表してみよう.

$\boxed{方法1}$ $(0.8)_{10} = (0.b_1\, b_2\, b_3\, b_4\, b_5\, b_6\, \dots)_2$

$(b_i = 0$ または 1, $i = 1,2,3,\dots)$ と書けるとすると, この等式の両辺に $(2)_{10}\left(=(10)_2\right)$ を掛けた

$$(1.6)_{10} = (b_1 . b_2\, b_3\, b_4\, b_5\, b_6\, \dots)_2$$

の整数部分を比較して $\boxed{b_1 = 1}$ が得られる. この両辺の「小数部分」

$$(0.6)_{10} = (0.b_2\, b_3\, b_4\, b_5\, b_6\, \dots)_2$$

に $(2)_{10}\left(=(10)_2\right)$ を掛けた

$$(1.2)_{10} = (b_2 . b_3\, b_4\, b_5\, b_6\, \dots)_2$$

---

53) 左辺が1となり, 整数部分が1, 小数部分が0というのが確定したので, 小数部分も比較可能となる.

54) 答 (練習 **1.16**) (1) $(0.01)_2$ (2) $(0.11)_2$ (3) $(0.011)_2$

の整数部分を比較して $b_2 = 1$ が得られる. 同様に,

$$(0.4)_{10} = (b_3 . b_4 \ b_5 \ b_6 \ \dots)_2$$

の整数部分を比較して $b_3 = 0$ が得られる. さらに, 両辺の「小数部分」に $(2)_{10} \left(= (10)_2 \right)$ を掛けると

$$(0.8)_{10} = (b_4 . b_5 \ b_6 \ \dots)_2$$

で, 左辺は最初の $(0.8)_{10}$ と同じであるから, 整数部分を比較して $b_4 = 0$ と, b_5 以降は b_1 から b_4 の繰り返しとなることがわかる. したがって,

$$(0.8)_{10} = (0.\dot{1}10\dot{0})_2$$

方法 2 $(0.8)_{10}$ を分数で表してから 2 進数で考え, 割り算すればよい.

$$(0.8)_{10} = \frac{(4)_{10}}{(5)_{10}} = \frac{(100)_2}{(101)_2} = (0.\dot{1}10\dot{0})_2$$

最後の 2 進数の割り算は, 右のような計算となる. 2 進数での計算なので, $10 - 1 = 1$ に注意する[55]. ∎

```
            0.1100
  101 )  100 0
        10 1
        ─────
         1 10
         1 01
         ─────
       ↱ 100
```
最初と同じ (以後繰り返し)

練習 1.17 [56] 次の 10 進数を 2 進数で表しなさい.

(1) $(0.6)_{10}$ (2) $(0.2)_{10}$ (3) $(0.1)_{10}$

---

(6) 10 進数 → 16 進数 の場合.

例 1.18 10 進数 $(510)_{10}$ を 16 進数で表してみよう. 例 1.15 の 方法 2 と同じように, 510 を 16 で割り, その商 31 をまた 16 で割る. これを商が 16 未満になるまで

```
  16 )  510
  16 )   31 ... 14 = E ↑
          1 ... 15 = F ↑
        →           →↗
```

繰り返し, 最後の商とすべての余りを下から順に並べると, それが答えであるから, 右の計算より答えは $(1FE)_{16}$ である. ∎

---

55) $(10)_2 - (1)_2 = (2)_{10} - (1)_{10} = (1)_{10} = (1)_2$ である.
56) **答 (練習 1.17)** (1) $(0.\dot{1}00\dot{1})_2$ (2) $(0.\dot{0}01\dot{1})_2$ (3) $(0.0\dot{0}01\dot{1})_2$

> **練習 1.18** [57)]   次の 10 進数を 16 進数で表しなさい.
>   (1) $(20)_{10}$ (2) $(47)_{10}$ (3) $(100)_{10}$ (4) $(1000)_{10}$

(7) 2 進数 $\leftrightarrow$ 16 進数 の場合.

$16 = 2^4$ であるから, 2 進数 4 桁で 16 進数 1 桁を表すことができる[58)].

例 1.19   (1) 2 進数 $(101101.11)_2$ を 16 進数で表してみよう. まず, 2 進数の表を書き, さらに小数点を基準にして, 左右 4 桁ずつを 1 つのグループとする. 空欄の桁があれば 0 を入れ, グループごとに 16 進数に変換すると, $(0010)_2 = (2)_{10} = (2)_{16}$, $(1101)_2 = (13)_{10} = (D)_{16}$, $(1100)_2 = (12)_{10} = (C)_{16}$ であるから, $(101101.11)_2 = (2D.C)_{16}$ である.

1	0	1	1	0	1	.	1	1
2^5	2^4	2^3	2^2	2^1	2^0		2^{-1}	2^{-2}

0	0	1	0	1	1	0	1	.	1	1	0	0
2^7	2^6	2^5	2^4	2^3	2^2	2^1	2^0		2^{-1}	2^{-2}	2^{-3}	2^{-4}

2	D	.	C
16^1	16^0		16^{-1}

(2) 16 進数 $(2D.C)_{16}$ を 2 進数で表してみよう. まず, 16 進数の表を書き, 次に 16 進数 1 桁を「2 進数 4 桁」で表す. つまり, $(2)_{16} = (2)_{10} = (0010)_2$, $(D)_{16} = (13)_{10} = (1101)_2$, $(C)_{16} = (12)_{10} = (1100)_2$ であるから, $(2D.C)_{16} = (101101.11)_2$ である.

2	D	.	C
16^1	16^0		16^{-1}

0	0	1	0	1	1	0	1	.	1	1	0	0
2^7	2^6	2^5	2^4	2^3	2^2	2^1	2^0		2^{-1}	2^{-2}	2^{-3}	2^{-4}

---

57) **答 (練習 1.18)**   (1) $(14)_{16}$ (2) $(2F)_{16}$ (3) $(64)_{16}$ (4) $(3E8)_{16}$
58) 実際, $(1111)_2 = 2^3 + 2^2 + 2^1 + 2^0 = (15)_{10} = (F)_{16}$ である.

> **練習 1.19** [59)]　2 進数は 16 進数で，16 進数は 2 進数で表しなさい.
> (1) $(11110.101)_2$　　(2) $(1E.A)_{16}$

この 2 進数と 16 進数の基数変換が簡単にできるようになれば, 例えば

$$(45.75)_{10} = (101101.11)_2 = (2D.C)_{16}$$

のように，2 進数を経由して 16 進数で表すことができる.

1.9.3　2 の補数

2 進数 1 桁を **ビット** という[60)]. 例えば，4
ビットでは 4 桁の 2 進数として，$(0000)_2$ から
$(1111)_2$ まで, つまり 0 から 15 までの 16 個の
整数を表すことができる (表 1.1). 簡単のため,

4 ビット

2^3	2^2	2^1	2^0

本項ではすべて 4 ビットで考える. カウンタなどの加算しかできない機器で
減算をする場合, マイナスの記号を使わないで負の 2 進数を表現する方法が
必要である. このようなとき, 一番左の桁 (4 ビットの場合 2^3 の桁) を **最上位
ビット** といって MSB と表すが[61)], この MSB を「符号用の桁」として考え
た **符号付き 2 進数** を用いる. 符号付き 2 進数では, MSB が 0 のとき正の数を
表し, MSB が 1 のとき負の数を表すと定める. 正の数の場合は, そのままの数
を表す. 例えば, 符号付き 4 ビットの $(0011)_2$ は 3 である. 一方, 負の数の
場合は, いくつか考え方があり, その 1 つが「2 の補数」である[62)]. ポイント
は, 4 ビットでは 4 桁しか表記できないことから, 2^4 の桁 (右から 5 桁目) は
オーバーフロー (桁あふれ) で無視され, $(10000)_2 = (0000)_2 = 0$ などと
扱われることを利用する点にある[63)].

符号付き 4 ビット x において, $x + y = (10000)_2$ を満たす 4 ビット y を,
x の **2 の補数** という[64)]. y の MSB が 1 のとき, それは $y = -x$ を満たす負
の数と解釈する. あるいは, x の MSB が 1 のとき, それは $x = -y$ を満たす

---

59)　**答 (練習 1.19)**　(1) $(1E.A)_{16}$　(2) $(11110.101)_2$
60)　ビット (bit) は「2 進数 1 桁」を意味する binary digit を合成した用語である.
61)　「最上位ビット」を意味する英語 "most significant bit" が由来である.
62)　「1 の補数」というのもある.
63)　8 ビットの場合は $(1\,0000\,0000)_2 = (0000\,0000)_2 = 0$ である.
64)　この 10000 は説明のためであり, コンピュータ上で表現する必要はない.

負の数と解釈する. 実際に 2 の補数を求めるときは, 各ビットの 0 と 1 を入れ替え (反転 という), それに 1 を加えればよい[65].

例 1.20　　$(0011)_2$ の 2 の補数を求めよう. $(0011)_2$ の各ビットを反転すると $(1100)_2$ で, これに 1 を加えた $(1101)_2$ が $(0011)_2$ の 2 の補数である. 実際, $(0011)_2 + (1101)_2 = (10000)_2 = 0$ であり, また MSB が 1 なので負の数で, $(1101)_2 = -(0011)_2 = -3$ である. これを利用すれば, 減算 $(0101)_2 - (0011)_2$ は加算 $(0101)_2 + (1101)_2$ で表現できる[66].　■

練習 1.20[67]　次の数について, 2 の補数を求めなさい.
(1) $(0001)_2$　(2) $(0010)_2$　(3) $(1100)_2$　(4) $(0111)_2$

---

4 ビットは $0 \sim 15$ の 16 個の整数を表せるのに対して, 符号付き 4 ビットは MSB を除いた 3 ビット分の正負の値で $-8 \sim 7$ の 16 個の整数を表せるこ

表 1.1　10 進数と n 進数との対応表

10 進数	2 進数	3 進数	4 進数	8 進数	16 進数
0	0	0	0	0	0
1	1	1	1	1	1
2	10	2	2	2	2
3	11	10	3	3	3
4	100	11	10	4	4
5	101	12	11	5	5
6	110	20	12	6	6
7	111	21	13	7	7
8	1000	22	20	10	8
9	1001	100	21	11	9
10	1010	101	22	12	A
11	1011	102	23	13	B
12	1100	110	30	14	C
13	1101	111	31	15	D
14	1110	112	32	16	E
15	1111	120	33	17	F
16	10000	121	100	20	10

表 1.2

符号付き 4 ビット	10 進数
$(0000)_2$	0
$(0001)_2$	1
$(0010)_2$	2
$(0011)_2$	3
$(0100)_2$	4
$(0101)_2$	5
$(0110)_2$	6
$(0111)_2$	7
$(1000)_2$	-8
$(1001)_2$	-7
$(1010)_2$	-6
$(1011)_2$	-5
$(1100)_2$	-4
$(1101)_2$	-3
$(1110)_2$	-2
$(1111)_2$	-1

---

65)　4 ビットの場合, 「もとの数」と「各ビットを反転させた数」の和は $(1111)_2$ となるので, これに 1 を加えれば $(10000)_2$ となる.

66)　実際, $(0101)_2 - (0011)_2 = (0101)_2 + (1101)_2 = (10010)_2 = (0010)_2$ である. これを 10 進数でみてみると, $5 - 3 = 5 + (-3) = 2$ である.

67)　**答 (練習 1.20)**　　(1) $(1111)_2$　(2) $(1110)_2$　(3) $(0100)_2$　(4) $(1001)_2$

とがわかる (表 1.2). また，2 進数どうしの四則演算については, ネイピアの計算盤による方法もある[68].

第 1 章　章末問題

【A】(答えは p.168)

1. i を虚数単位とする. 次の値を求めなさい.

(1) $(-i)^2$　(2) i^3　(3) i^4　(4) $\dfrac{1}{i}$

2. i を虚数単位とする. 次の各 z_1, z_2 について, $z_1 + z_2$, $z_1 - z_2$, $z_1 z_2$, $\dfrac{z_1}{z_2}$ をそれぞれ求めなさい.

(1) $z_1 = 1+i$, $z_2 = 1-i$　　(2) $z_1 = 2$, $z_2 = -i$

(3) $z_1 = 2-i$, $z_2 = 1+2i$　　(4) $z_1 = 2i$, $z_2 = 1+i$

3. 次の数を 10 進数で表しなさい.

(1) $(10111)_2$　(2) $(1.101)_2$　(3) $(11.011)_2$　(4) $(0.\dot{1}00\dot{1})_2$

(5) $(14)_{16}$　(6) $(2F)_{16}$　(7) $(64)_{16}$　(8) $(3E8.1)_{16}$

4. 次の数を 2 進数で表しなさい.

(1) $(100)_{10}$　　(2) $(3.375)_{10}$　(3) $(0.\dot{3})_{10}$　(4) $(0.\dot{1})_{10}$

(5) $(16.A8)_{16}$　(6) $(0.\dot{3})_{16}$　(7) $(0.\dot{2}4\dot{9})_{16}$　(8) $(0.\dot{0}842\dot{1})_{16}$

5. 次の数を 16 進数で表しなさい.

(1) $(16)_{10}$　　(2) $(27)_{10}$　(3) $(0.25)_{10}$　(4) $(0.1)_{10}$

(5) $(10110)_2$　(6) $(0.\dot{0}01\dot{1})_2$　(7) $(0.\dot{0}0\dot{1})_2$　(8) $(0.10101)_2$

【B】(答えは p.168)

1. $a, b, c, d \in \mathbb{R}$, $i^2 = -1$ とし, $z_1 = a+bi$, $z_2 = c+di$ とする.

(1) $z_1 + z_2$, $z_1 - z_2$, $z_1 z_2$, $\dfrac{z_1}{z_2}$ をそれぞれ求めなさい.

(2) $\overline{z_1} + \overline{z_2}$, $\overline{z_1} - \overline{z_2}$, $\overline{z_1}\,\overline{z_2}$, $\dfrac{\overline{z_1}}{\overline{z_2}}$ を求め, (1) の結果の共役複素数と比較して関係式を導きなさい.

2. 次の数を 2 進数で表しなさい.

(1) $(0.\dot{0}\dot{9})_{10}$　(2) $(0.01)_{10}$　(3) $(0.\dot{4}2857\dot{1})_{10}$

3. 次の計算をしなさい. (1) は 2 進数で, (2) と (3) は 16 進数で答えること.

(1) $(1.11)_2 \times (1.001)_2$　(2) $(AB)_{16} + (CD)_{16}$　(3) $(A)_{16} \times (B)_{16}$

---

68) 参考文献 [17] 参照.

2
集合と命題論理

　この章では，数学の論理を理解するのに必要な集合，数列，順列・組合せ，命題論理とその証明法について解説する.

2.1　集　　合

2.1.1　集合の表し方

　集合の定義についてはすでに 1.2 節で述べているので，ここではまず，集合の表し方について説明する. 集合を表現する方法は次の 2 通りある.

　(1) **内包的記法：** その集合の元が満たすべき条件をすべて書く.

　(2) **外延的記法：** その集合の元を書き並べる[1].

> **例 2.1**　　-2 以上 3 以下の整数の集合 A を内包的記法で表すと，
>
> $$A = \{ \underbrace{x}_{\text{元}} \mid \underbrace{x \in \mathbb{Z} \quad \text{かつ} \quad -2 \leq x \leq 3}_{\text{条件}} \}$$
>
> であり，さらに外延的記法で表すと
>
> $$A = \{ -2, -1, 0, 1, 2, 3 \}$$
>
> である.

> **注意**　例 2.1 の内包的記法のように，条件のなかに $\in$ で表されるものがあるときには，それを最初の x とあわせて
>
> $$A = \{ x \in \mathbb{Z} \mid -2 \leq x \leq 3 \}$$
>
> と書くこともある. 本書では以後この表記を用いる. また，この x を別の文字としても

---

　1) 外延的記法で表すことができない集合もある (章末問題【A】1).

30

よいが，x のところをすべて同じ文字にすること．例えば，以下のとおりである．

$$A = \{\, a \in \mathbb{Z} \mid -2 \leq a \leq 3 \,\} = \{\, m \in \mathbb{Z} \mid -2 \leq m \leq 3 \,\}$$

練習 2.1 [2) 「1 以上 5 以下の自然数の集合 A」を内包的記法で表しなさい．また，外延的記法での表記も可能であれば，それも書きなさい．

2.1.2　部　分　集　合

2 つの集合 A，B に対して，A に属するどの元も B の元となっているとき，つまり

$$x \in A \quad \text{ならば} \quad x \in B$$

が成り立つとき，「A は B の **部分集合** である」といい，

図 2.1　部分集合 $(A \subset B)$

$$A \subset B \qquad \text{あるいは} \qquad B \supset A$$

と表す[3)]．A が B の部分集合であるとき，「A は B に **含まれる**」あるいは「B は A を **含む**」ともいう．なお，どのような集合 A に対しても $\emptyset \subset A$ が成り立つ．

A に属する元と B に属する元が完全に一致するとき，つまり

「$x \in A$ ならば $x \in B$」　　かつ　　「$x \in B$ ならば $x \in A$」

が成り立つとき，「A と B は **等しい**」といい，$A = B$ と表す．このことは，A と B が互いに部分集合であること，つまり $A \subset B$ と $B \subset A$ が同時に成り立つことを意味する．また，$A \subset B$ であるが $A = B$ でないとき，「A は B の **真部分集合** である」といい，$A \subsetneq B$ と表す[4)]．

$a, b \in \mathbb{R}$，$a < b$ とする．$\mathbb{R}$ の部分集合のうち，

$$\{\, x \in \mathbb{R} \mid a \leq x \leq b \,\}, \qquad \{\, x \in \mathbb{R} \mid a < x < b \,\}$$

---

2)　**答 (練習 2.1)**　$A = \{\, n \in \mathbb{N} \mid 1 \leq x \leq 5 \,\} = \{\, 1, 2, 3, 4, 5 \,\}$

3)　記号 $\in$ と混同しないように．(元) $\in$ (集合)，(集合) $\subset$ (集合) である．

4)　本書の表記では，部分集合の記号 $\subset$ に等号の意味を含めているが，一部の本では部分集合 (等号含む) を $\subseteq$，真部分集合 (等号含まない) を $\subset$ と表記していることもあるので注意すること．

などを 区間 といい, 特に以下のように定義される[5].

$$
\begin{aligned}
\text{閉区間：} && [\,a\,,b\,] &= \{\, x \in \mathbb{R} \mid a \le x \le b \,\}, \\
\text{開区間：} && (\,a\,,b\,) &= \{\, x \in \mathbb{R} \mid a < x < b \,\}, \\
\text{左半開区間：} && (\,a\,,b\,] &= \{\, x \in \mathbb{R} \mid a < x \le b \,\}, \\
\text{右半開区間：} && [\,a\,,b\,) &= \{\, x \in \mathbb{R} \mid a \le x < b \,\}
\end{aligned}
$$

他にも, 無限大を表す記号として ∞ を用いれば[6],

$$
\begin{aligned}
[\,a\,,\infty\,) &= \{\, x \in \mathbb{R} \mid x \ge a \,\}, \\
(-\infty\,,b\,) &= \{\, x \in \mathbb{R} \mid x < b \,\}
\end{aligned}
$$

のように, いろいろな区間を表現することができる[7].

図 2.2 さまざまな区間

例 2.2 数の集合 $\mathbb{N}$, $\mathbb{Z}$, $\mathbb{Q}$, $\mathbb{R}$ の関係は $\mathbb{N} \subset \mathbb{Z} \subset \mathbb{Q} \subset \mathbb{R}$ である (図 2.3).

このように, 集合どうしの含む含まれるという関係を 包含関係 という. ∎

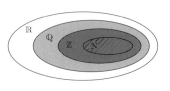

図 2.3 数の集合の包含関係

練習 2.2 [8] 複素数の集合 $\mathbb{C}$ を, 例 2.2 の包含関係に含めるとどのようになるか.

集合を元とするような集合を 集合族 という. 特に, 集合 A のすべての部分集合からなる集合族を A の べき集合 といい, 2^A あるいは $\mathcal{P}(A)$ と表す[9].

---

5) 開区間 (a,b) のことを $]a,b[$ と表すこともある. 左半開区間, 右半開区間も同様.
6) ∞ や $-\infty$ は実数ではない.
7) $(-\infty,\infty) = \mathbb{R}$ である.
8) 答 (練習 2.2) $\mathbb{N} \subset \mathbb{Z} \subset \mathbb{Q} \subset \mathbb{R} \subset \mathbb{C}$
9) 記号 2^A は, n 個の元からなる集合の部分集合が 2^n 個あることが由来である. また, 記号 $\mathcal{P}$ は「べき」を意味する英語 "power" の頭文字が由来である.

例 2.3　　2つの元からなる集合 $A = \{\,1\,,\,2\,\}$ の部分集合は $\emptyset$, $\{\,1\,\}$, $\{\,2\,\}$, A の4つであるから, $2^A = \{\,\emptyset\,,\,\{\,1\,\}\,,\,\{\,2\,\}\,,\,A\,\}$. ■

練習 2.3 [10)]　　3つの元からなる集合 $A = \{\,1\,,\,2\,,\,3\,\}$ のべき集合を明記し, その元の個数を答えなさい.

2.1.3　集合の演算

考えている集合の全体を **全体集合** あるいは **普遍集合** という. 全体集合 U の2つの部分集合 A, B に関する演算として, 以下を定義する (図2.4参照).

和集合：　　　$A \cup B = \{\,x \in U \mid x \in A$　または　$x \in B\,\}$,

共通集合：　　$A \cap B = \{\,x \in U \mid x \in A$　かつ　$x \in B\,\}$,

補集合：　　　$A^c = \{\,x \in U \mid x \notin A\,\}$,

差集合：　　　$A \setminus B = \{\,x \in U \mid x \in A$　かつ　$x \notin B\,\}$

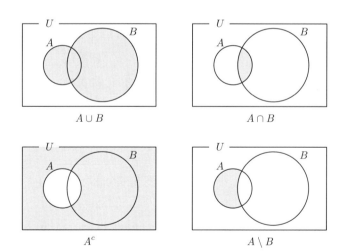

図 2.4　和集合, 共通集合, 補集合, 差集合 (網掛け部分)

---

10)　答 (練習 **2.3**)　$2^A = \{\,\emptyset, \{1\}, \{2\}, \{3\}, \{1,2\}, \{1,3\}, \{2,3\}, A\,\}$, 8個

例 2.4　全体集合 $U = \{\, x \in \mathbb{N} \mid 1 \le x \le 10 \,\}$ の 2 つの部分集合

$$A = \{\, x \in U \mid 1 \le x \le 5 \,\}, \qquad B = \{\, x \in U \mid 3 \le x \le 6 \,\}$$

に対して，$A \cup B$, $A \cap B$, A^c, $A \setminus B$ をそれぞれ具体的に表してみよう．

集合を数式で表すには，各集合の元が満たす条件を数式で表現すればよいので，それぞれの定義から，次のように表すことができる．

$$
\begin{aligned}
A \cup B &= \{\, x \in U \mid 1 \le x \le 5 \quad\text{または}\quad 3 \le x \le 6 \,\} \\
&= \{\, x \in U \mid 1 \le x \le 6 \,\}, \\
A \cap B &= \{\, x \in U \mid 1 \le x \le 5 \quad\text{かつ}\quad 3 \le x \le 6 \,\} \\
&= \{\, x \in U \mid 3 \le x \le 5 \,\}, \\
A^c &= \{\, x \in U \mid 1 \le x \le 5 \text{ ではない} \,\} \\
&= \{\, x \in U \mid 6 \le x \le 10 \,\}, \\
A \setminus B &= \{\, x \in U \mid 1 \le x \le 5 \quad\text{かつ}\quad \lceil 3 \le x \le 6 \text{ ではない} \rfloor \,\} \\
&= \{\, x \in U \mid 1 \le x \le 5 \\
&\qquad\qquad\quad \text{かつ}\quad \lceil 1 \le x \le 2 \quad\text{または}\quad 7 \le x \le 10 \rfloor \,\} \\
&= \{\, x \in U \mid 1 \le x \le 2 \,\}
\end{aligned}
$$

また，今回の場合は　$A = \{\, 1,2,3,4,5 \,\}$, $B = \{\, 3,4,5,6 \,\}$　のように外延的記法も可能なので，その表し方での解法も以下に記す．

$$
\begin{aligned}
A \cup B &= \{\, 1,2,3,4,5 \,\} \cup \{\, 3,4,5,6 \,\} = \{\, 1,2,3,4,5,6 \,\}, \\
A \cap B &= \{\, 1,2,3,4,5 \,\} \cap \{\, 3,4,5,6 \,\} = \{\, 3,4,5 \,\}, \\
A^c &= \{\, 1,2,3,4,5,6,7,8,9,10 \text{ から } 1,2,3,4,5 \text{ を除く} \,\} \\
&= \{\, 6,7,8,9,10 \,\}, \\
A \setminus B &= \{\, 1,2,3,4,5 \text{ から } 3,4,5,6 \text{ を除く} \,\} = \{\, 1,2 \,\}
\end{aligned}
$$

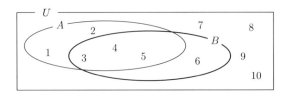

図 2.5　例 2.4 の状況

練習 2.4 [11)]　全体集合 $U = \{\, x \in \mathbb{Z} \mid -5 \le x \le 5 \,\}$ における2つの部分集合 $A = \{\, x \in U \mid -3 \le x \le 2 \,\}$, $B = \{\, x \in U \mid 0 \le x \le 3 \,\}$ について, $A \cup B$, $A \cap B$, A^c, $A \setminus B$ をそれぞれ求めなさい.

注意　例 2.4 において,

$$(A \cup B)^c \,=\, U \setminus \{\, 1, 2, 3, 4, 5, 6 \,\} \,=\, \{\, 7, 8, 9, 10 \,\},$$
$$A^c \cap B^c \,=\, \{\, 6, 7, 8, 9, 10 \,\} \cap \{\, 1, 2, 7, 8, 9, 10 \,\} \,=\, \{\, 7, 8, 9, 10 \,\},$$
$$(A \cap B)^c \,=\, U \setminus \{\, 3, 4, 5 \,\} \,=\, \{\, 1, 2, 6, 7, 8, 9, 10 \,\},$$
$$A^c \cup B^c \,=\, \{\, 6, 7, 8, 9, 10 \,\} \cup \{\, 1, 2, 7, 8, 9, 10 \,\} \,=\, \{\, 1, 2, 6, 7, 8, 9, 10 \,\}$$

であるから, 次が成り立っている[12)].

$$(A \cup B)^c \,=\, A^c \cap B^c, \qquad (A \cap B)^c \,=\, A^c \cup B^c$$

この関係式は一般の集合でも成り立ち, **ド・モルガンの法則** とよばれている.

2.1.4　直 積 集 合

　　全体集合 U の2つの部分集合 A, B に関するもう1つの演算として, **直積集合** $A \times B$ を
$$A \times B = \{\, (x, y) \mid x \in A \ \text{かつ} \ y \in B \,\}$$
と定義する. 特に, $A = B$ のときは, $A \times A$ を A^2 と表す. なお, $A = \emptyset$ または $B = \emptyset$ のときは, $A \times B = \emptyset$ と定める[13)].

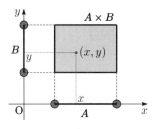

図 2.6　直積集合 (網掛け部分)

例 2.5　(1) 全体集合 $U = \{\, x \in \mathbb{R} \mid x > 0 \,\}$ の2つの部分集合

$$A \,=\, \{\, x \in U \mid 2 < x < 5 \,\}, \qquad B \,=\, \{\, y \in U \mid 2 < y < 4 \,\}$$

---

11)　答 (練習 2.4)　$A \cup B = \{\, x \in U \mid -3 \le x \le 3 \,\} = \{\, -3, -2, -1, 0, 1, 2, 3 \,\}$,
$A \cap B = \{\, x \in U \mid 0 \le x \le 2 \,\} = \{\, 0, 1, 2 \,\}$,
$A^c = \{\, x \in U \mid -5 \le x \le -4 \ \text{または} \ 3 \le x \le 5 \,\} = \{\, -5, -4, 3, 4, 5 \,\}$,
$A \setminus B = \{\, x \in U \mid -3 \le x \le -1 \,\} = \{\, -3, -2, -1 \,\}$

12)　図 2.5 で確認してみよう.

13)　空集合を $\{\, \emptyset \,\}$ と書かないように. $\{\, \emptyset \,\}$ は空集合 $\emptyset$ だけからなる集合族である.

に対して, $A \times B$ を具体的に表してみると, 定義から

$$A \times B = \left\{ (x, y) \mid 2 < x < 5 \ \text{かつ} \ 2 < y < 4 \right\}$$

(2) 全体集合 $U = \left\{ x \in \mathbb{N} \mid 1 \leq x \leq 10 \right\}$ の 2 つの部分集合

$$A = \left\{ x \in U \mid 2 \leq x \leq 4 \right\}, \qquad B = \left\{ y \in U \mid 4 \leq y \leq 5 \right\}$$

に対して, $A \times B$ を具体的に表してみよう. いまの場合, U は $\mathbb{N}$ の部分集合であるから $A = \left\{ 2, 3, 4 \right\}$, $B = \left\{ 4, 5 \right\}$ と外延的記法で書けるので,

$$A \times B = \left\{ (2, 4), (2, 5), (3, 4), (3, 5), (4, 4), (4, 5) \right\} \quad ■$$

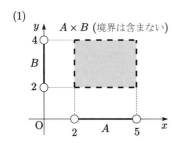
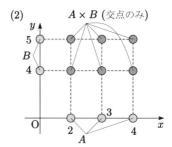

図 2.7　例 2.5 の状況

練習 2.5 [14)]　(1) 全体集合 $U = \left\{ x \in \mathbb{R} \mid -1 \leq x \leq 1 \right\}$ の 2 つの部分集合 $A = \left\{ x \in U \mid -1 \leq x \leq 0 \right\}$, $B = \left\{ y \in U \mid -1 \leq y \leq 1 \right\}$ に対して, $A \times B$ を求めなさい.

　(2) 全体集合 $U = \left\{ x \in \mathbb{Z} \mid -1 \leq x \leq 1 \right\}$ の 2 つの部分集合 $A = \left\{ x \in U \mid -1 \leq x \leq 0 \right\}$, $B = \left\{ y \in U \mid -1 \leq y \leq 1 \right\}$ に対して, $A \times B$ を求めなさい.

2.2　数　　列

2.2.1　数列と漸化式

　現在 100 円の貯金があり, 翌日からさらに毎日 20 円ずつ貯金したときの合計額を順にみていくと,

---

14)　答 (練習 2.5)　(1) $A \times B = \left\{ (x, y) \mid -1 \leq x \leq 0 \ \text{かつ} \ -1 \leq y \leq 1 \right\}$
(2) $A \times B = \left\{ (-1, -1), (-1, 0), (-1, 1), (0, -1), (0, 0), (0, 1) \right\}$

$\boxed{1}$ 日目　　$\boxed{2}$ 日目　　$\boxed{3}$ 日目　　$\boxed{4}$ 日目　　$\boxed{5}$ 日目　...

　↓　　　　　↓　　　　　↓　　　　　↓　　　　　↓

$\boxed{120}$ 円　$\boxed{140}$ 円　$\boxed{160}$ 円　$\boxed{180}$ 円　$\boxed{200}$ 円　...

である. これは, 自然数　$\boxed{1}$, $\boxed{2}$, $\boxed{3}$, $\boxed{4}$, $\boxed{5}$, ...　のそれぞれに対して, 「ある規則」にしたがった実数

$$\boxed{120}, \quad \boxed{140}, \quad \boxed{160}, \quad \boxed{180}, \quad \boxed{200}, \quad \ldots$$

が 1 つずつ対応している[15]. このように, 自然数のそれぞれに対して, 実数が「ある規則」にしたがって 1 つずつ対応しているとき, これらの実数の並びを **数列** という. 数学では, 「ある規則」にしたがった数列のみを考える[16].

　一般に, 自然数　1, 2, 3, ..., n, ...　のそれぞれに対応する実数を

$$a_1, \ a_2, \ a_3, \ \ldots, \ a_n, \ \ldots$$

などと表し, この数列を　$\{a_n\}$　と表す. 「ある規則」にしたがっているとは, 自然数 n に対応する 1 つの実数 a_n が n の式で表されることを意味する.

　数列の 1 つ 1 つの実数を **項** といい, 項の個数が有限の数列を **有限数列**, 無限の数列を **無限数列** という. また, n 番目の項を **第 n 項** といい, 特に第 1 項を **初項**, 第 n 項を **一般項** ともいう.

　一方, 数列において, 複数の項の関係を表した式のことを **漸化式** という. 例えば, 冒頭の数列

$$120, \ 140, \ 160, \ 180, \ 200, \ \ldots$$

を $\{a_n\}$ とすると, 第 n 項と第 $(n+1)$ 項において

$$a_{n+1} = a_n + 20 \qquad (n = 1, 2, 3, \ldots)$$

という関係式が成り立っている. この場合, 隣り合う 2 つの項の漸化式なので **隣接二項間漸化式** ともいう. 通常, 漸化式を表記するときは, 初項も併記して

$$\begin{cases} a_{n+1} = a_n + 20 & (n = 1, 2, 3, \ldots) \\ a_1 = 120 \end{cases}$$

とする.

---

15) この場合, 自然数 $\boxed{n}$ に対して, n を 20 倍して 100 を加えた実数 $\boxed{20n + 100}$ が対応している.

16) ランダムな数の並びは考えない.

例 **2.6**   自然数 1，2，3，4，5，... に対して，それぞれを 3 倍し，さらに
1 を加えた実数が対応する数列 $\{a_n\}$ は

$$4, 7, 10, 13, 16, \ldots$$

である．この数列の初項は $a_1 = 4$ で，一般項は $a_n = 3n + 1$ である．また，
この数列を漸化式で表すと

$$\begin{cases} a_{n+1} = a_n + 3 & (n = 1, 2, 3, \ldots) \\ a_1 = 4 \end{cases}$$

である．   ■

練習 2.6 [17]   自然数 1，2，3，4，5，... に対して，それぞれを 2 倍
し，さらに 1 を引いた実数が対応する数列 $\{a_n\}$ の初項から第 5 項まで
を明記し，さらに一般項を求めなさい．

2.2.2   和の記号 $\sum$

1 から 3 までのすべての自然数の和は

$$1 + 2 + 3$$

と書けるが，1 から 100 までのすべての自然数の和を書き表すのは非常に大変
である．そこで，表記を簡単にするために，各項が「ある規則」にしたがって
並んでいる数列に対して，和の記号を導入しよう．$m \leq n$ $(m, n \in \mathbb{N})$ に
対して，数列 $\{a_n\}$ の第 m 項から第 n 項までの和 $a_m + a_{m+1} + \cdots + a_n$ を
$\sum_{k=m}^{n} a_k$ と表す．つまり，和の記号 $\sum$ を

$$\sum_{k=m}^{n} a_k = \underbrace{a_m}_{k=m} + \underbrace{a_{m+1}}_{k=m+1} + \cdots + \underbrace{a_n}_{k=n}$$

---

17) 答 (練習 **2.6**)   1, 3, 5, 7, 9, ...，$a_n = 2n - 1$

と定義する[18]. この記号を用いれば, 先の 1 から 100 までのすべての自然数

の和は $\displaystyle\sum_{k=1}^{100} k$ と表すことができる. なお, 和の記号内に用いられている k は,

$\underline{k \text{ のところをすべて同じ文字にすれば}}$ 別の文字でもかまわない. 例えば,

$$\sum_{\underset{k=1}{}}^{100} \boxed{k} = \sum_{\underset{j=1}{}}^{100} \boxed{j} = \underbrace{1}_{j=1} + \underbrace{2}_{j=2} + \underbrace{3}_{j=3} + \cdots + \underbrace{99}_{j=99} + \underbrace{100}_{j=100}$$

である.

$\boxed{\text{注意}}$ 　和の記号の定義で現れる文字 m , n は, 数列を用いて定義しているため
「自然数」としているが, 0 を含める場合もある.

$\boxed{\textbf{例 2.7}}$ 　(1) 和 $S = 5^2 + 6^2 + 7^2 + 8^2 + 9^2 + 10^2$ を $\sum$ で表してみよう.
$\sum$ 記号の定義より, $a_k = k^2$ として

$$\sum_{k=5}^{10} k^2 = \underbrace{5^2}_{k=5} + \underbrace{6^2}_{k=6} + \underbrace{7^2}_{k=7} + \underbrace{8^2}_{k=8} + \underbrace{9^2}_{k=9} + \underbrace{10^2}_{k=10}$$

であるから, $S = \displaystyle\sum_{k=5}^{10} k^2$ である. あるいは, 例えば S の各項を

$$5^2 = \left(\boxed{1} + 4\right)^2, \ \ 6^2 = \left(\boxed{2} + 4\right)^2, \ \ \ldots, \ \ 10^2 = \left(\boxed{6} + 4\right)^2$$

と考えれば, $S = \displaystyle\sum_{\underset{k=1}{}}^{6} \left(\boxed{k} + 4\right)^2$ と表すこともできる. このように, 同じ和

であっても$\underline{\text{いくつもの表し方がある}}$.

　(2) 和 $S = 6 + 8 + 10 + 12 + 14 + 16 + 18$ を $\sum$ で表してみよう. 例えば,
$\displaystyle\sum_{k=6}^{18} k$ を展開すると

$$\sum_{k=6}^{18} k = \underbrace{6}_{k=6} + \underbrace{7}_{k=7} + \underbrace{8}_{k=8} + \underbrace{9}_{k=9} + \underbrace{10}_{k=10} + \cdots + \underbrace{17}_{k=17} + \underbrace{18}_{k=18}$$

であるから, $S \neq \displaystyle\sum_{k=6}^{18} k$ である. $\sum$ は定義から「連続する自然数」に関する
式の和を表すため, S の各項を

---

18) 記号 $\sum$ は,「和」を意味する英語 "summation" の頭文字 S に相当するギリシア
文字 (大文字のシグマ) が由来である.

$$6 = 2 \times \boxed{3}\,, \quad 8 = 2 \times \boxed{4}\,, \quad \ldots\,, \quad 18 = 2 \times \boxed{9}$$

と考えれば, $a_k = 2k$ として $S = \displaystyle\sum_{k=3}^{9} 2\,\boxed{k}$ と表せる. あるいは, $S = \displaystyle\sum_{k=1}^{7} 2\,(\,k+2\,)$ でもよい.

(3) 和 $S = 2^2 + 2^3 + 2^4 + 2^5 + 2^6$ を $\sum$ で表してみよう. $\sum$ 記号の定義より, $a_k = 2^k$ として

$$\sum_{k=2}^{6} 2^k = \underbrace{2^2}_{k=2} + \underbrace{2^3}_{k=3} + \underbrace{2^4}_{k=4} + \underbrace{2^5}_{k=5} + \underbrace{2^6}_{k=6}$$

であるから, $S = \displaystyle\sum_{k=2}^{6} 2^k$ である. あるいは, $S = \displaystyle\sum_{k=1}^{5} 2^{k+1}$ でもよい. ∎

練習 2.7 [19] 次の □ に入る数または k の式を答えなさい.

$$10^3 + 11^3 + 12^3 + 13^3 + 14^3 + 15^3 = \sum_{k=10}^{15} \boxed{(1)} = \sum_{k=1}^{\boxed{(2)}} \boxed{(3)}$$

では, 和の「表し方」はわかったが, その和を「計算する」には何かよい方法はないか？ 項数が少ない場合や規則性がみつけられない場合は単に足していくしかないが, 例えば隣り合う 2 つの項の「差」や「商」がつねに一定であるような和については, 工夫することで簡単に計算することができる. まずは, そのような特殊な数列である等差数列と等比数列についてそれぞれ説明し, その後に, それらの和の計算方法を紹介する.

2.2.3 等差数列

本節の冒頭で扱った数列

$$120\,, \ 140\,, \ 160\,, \ 180\,, \ 200\,, \ \ldots$$

を考えよう. この数列を $\{\,a_n\,\}$ とし, 隣り合う 2 つの項の「差」を計算すると

$$a_2 - a_1 = 140 - 120 = \boxed{20}\,, \qquad a_3 - a_2 = 160 - 140 = \boxed{20}\,,$$

---

19) 答 (練習 **2.7**)　　(1) k^3　(2) 6　(3) $(k+9)^3$

$$a_4 - a_3 = 180 - 160 = \boxed{20}, \qquad a_5 - a_4 = 200 - 180 = \boxed{20}$$

のようにつねに一定の値 $\boxed{20}$ となっている. このように, 隣り合う 2 つの項の「差」がつねに一定であるような数列を **等差数列** といい, その差を **公差** という. つまり, 冒頭の数列 $\{a_n\}$ は初項 120, 公差 $\boxed{20}$ の等差数列である.

では, 初項 a_1, 公差 $\boxed{d}$ の等差数列 $\{a_n\}$ の一般項を求めてみよう. この等差数列は

$$a_1, \quad a_2, \quad a_3, \quad a_4, \quad a_5, \quad \cdots, \quad a_n, \cdots$$

のような実数の並びになるので, 一般項 a_n は初項 a_1 に公差 $\boxed{d}$ を $(n-1)$ 回加えれば得られる. したがって,

$$a_n = a_1 + \boxed{d} \times (n-1) = a_1 + d(n-1)$$

と表すことができる.

例 2.8　初項が 1, 公差が $\boxed{2}$ の等差数列 $\{a_n\}$ は

$$1, \quad 3, \quad 5, \quad 7, \quad 9, \quad \cdots, \quad a_n, \cdots$$

であるから, 一般項は $a_n = 1 + \boxed{2}(n-1) = 2n - 1$ である[20]. ■

> **練習 2.8** [21]　初項が 5, 公差が 3 の等差数列の一般項 a_n を求めなさい.

2.2.4　等 比 数 列

数列 $\{a_n\}$ を

$$1, 2, 4, 8, 16, \ldots$$

---

20) 実際, この一般項で $n = 1, 2, 3$ を代入すると, $a_1 = 1$, $a_2 = 3$, $a_3 = 5$ となり, 少なくとも第 3 項まで一致していることがわかる.

21) 答 (練習 2.8)　$a_n = 3n + 2$

としよう. この数列の, 隣り合う 2 つの項の「差」は一定でないことはすぐに
わかる. では, 隣り合う 2 つの項の「商」を計算してみよう. すると,

$$\frac{a_2}{a_1} = \frac{2}{1} = ②, \quad \frac{a_3}{a_2} = \frac{4}{2} = ②, \quad \frac{a_4}{a_3} = \frac{8}{4} = ②$$

のようにつねに一定の値 ② となっていることがわかる. このように, 隣り合う
2 つの項の「商」がつねに一定であるような数列を **等比数列** といい, その商を
公比 という. つまり, この数列 $\{a_n\}$ は初項 1, 公比 ② の等比数列である.

　では, 初項 a_1, 公比 r の等比数列 $\{a_n\}$ の一般項を求めてみよう. この
等比数列は

$$a_1, \quad a_2, \quad a_3, \quad a_4, \quad a_5, \quad \cdots, \quad a_n, \cdots$$

$$\underbrace{\times r \quad \times r \quad \times r \quad \times r \quad \times r \cdots \quad \times r}_{(n-1)\text{個}}$$

のような実数の並びになるので, 一般項 a_n は初項 a_1 に公比 r を $(n-1)$ 回
掛ければ得られる. したがって,

$$a_n = a_1 \times r^{n-1} = a_1 r^{n-1}$$

と表すことができる.

例 2.9　初項が 2, 公比が ③ の等比数列 $\{a_n\}$ は

$$2, \quad 6, \quad 18, \quad 54, \quad 162, \quad \cdots, \quad a_n, \cdots$$

$$\underbrace{\times ③ \ \times ③ \ \times ③ \ \times ③ \quad \times ③ \cdots \ \times ③}_{(n-1)\text{個}}$$

であるから, 一般項は $a_n = 2 \times ③^{n-1} = 2 \cdot 3^{n-1}$ である[22]. ∎

練習 2.9 [23]　初項が 3, 公比が 2 の等比数列の一般項 a_n を求めなさい.

---

[22] 実際, この一般項で $n = 1, 2, 3$ を代入すると, $a_1 = 2, a_2 = 6, a_3 = 18$ と
なり, 少なくとも第 3 項まで一致していることがわかる.

[23] 答 (練習 2.9)　$a_n = 3 \cdot 2^{n-1}$

2.2.5 等差数列の和

具体的な例を用いて，等差数列の和の求め方を考えてみよう．

例 2.10 和 $\displaystyle\sum_{k=3}^{9}(4k-1)=11+15+19+23+27+31+35$ を計算しよう．これは，公差 4 の等差数列の和であるが，等差数列の和を求めるには，以下のように和を昇順に並べたものと降順に並べたものを上下そろえて足し算するとよい[24]．

$$\boxed{\sum_{k=3}^{9}(4k-1)} = \boxed{11} + 15 + 19 + \cdots + \boxed{35}$$

$$+\ )\quad \boxed{\sum_{k=3}^{9}(4k-1)} = \boxed{35} + 31 + 27 + \cdots + \boxed{11}$$

$$2 \times \boxed{\sum_{k=3}^{9}(4k-1)} = \underbrace{46 + 46 + 46 + \cdots + 46}_{\text{項数 } ⑦}$$

より，

$$\boxed{\sum_{k=3}^{9}(4k-1)} = \frac{\left(\boxed{11}+\boxed{35}\right) \times ⑦}{2} = 161$$

と計算できる． ■

練習 2.10 [25] $\displaystyle\sum_{k=1}^{100} k$ を計算しなさい．

2.2.6 等比数列の和

ここも具体的な例を用いて，等比数列の和の求め方を考えてみよう．

例 2.11 和 $\displaystyle\sum_{k=2}^{5} 3^k = 9+27+81+243$ を計算しよう．これは，公比 ③ の等比数列の和であるが，等比数列の和を求めるには以下のように，和と，その

---

24) 少年時代のガウスがこの方法で 1 から 100 までの和を瞬時に答えたとの話は有名である (練習 2.10)．

25) 答 (練習 **2.10**)　5050

和の各項に公比 (いまの場合 ③) を掛けたものを, 1 つ右にずらして配置し,
上下引き算するとよい[26].

$$\boxed{\sum_{k=2}^{5} 3^k} \;=\; \boxed{9} \;+\; 27 \;+\; 81 \;+\; \boxed{243}$$

$$-)\quad ③ \times \boxed{\sum_{k=2}^{5} 3^k} \;=\; 27 \;+\; 81 \;+\; 243 \;+\; 729 \quad \times③$$

符号注意!

$$\left(1 - ③\right) \times \boxed{\sum_{k=2}^{5} 3^k} = \boxed{9} \;+\; 0 \;+\; 0 \;+\; 0 \;\underbrace{-}\; \underbrace{729}_{= \boxed{243} \times ③}$$

より,

$$\boxed{\sum_{k=2}^{5} 3^k} \;=\; \frac{\boxed{9} - \boxed{243} \times ③}{1 - ③} \;=\; \frac{9 - 729}{-2} \;=\; 360$$

と計算できる. なお, この問題の場合は, $(9+81)+(27+243)$ と工夫すれば
簡単に和が計算できるが, より汎用性のある上記の方法を身につけよう. ∎

練習 2.11 [27] $\displaystyle\sum_{k=2}^{6} 2^k$ を計算しなさい.

2.3 順列・組合せ

2.3.1 階　　乗

$n \in \mathbb{N}$ に対して, n 以下のすべての自然数の積を n の **階乗** といい, $n!$
と表す. つまり,

$$n! \;=\; n \times (n-1) \times (n-2) \times \cdots \times 3 \times 2 \times 1$$

である. このとき, $m \in \mathbb{N}$, $m < n$ に対して,

$$n! \;=\; n \times (n-1) \times \cdots \times (m+1) \times \boxed{m \times (m-1) \times \cdots \times 3 \times 2 \times 1}$$

---

26) この方法は公比が 1 のときには使えないが, その場合はすべての項が同じ数字
なので, 単に掛け算すれば和が求まる.

$$= n \times (n-1) \times \cdots \times (m+1) \times \boxed{m\,!}$$

であるから,

$$\frac{n\,!}{m\,!} = n \times (n-1) \times \cdots \times (m+1)$$

が成り立つ. ここで, 便宜上 $0\,! = 1$ と定義する[28].

$n \in \mathbb{N}$ に対して,

$$\begin{cases} n\,! = n \times (n-1) \times (n-2) \times \cdots \times 3 \times 2 \times 1 \\ 0\,! = 1 \end{cases}$$

例 2.12 (1) $4\,! = 4 \times 3 \times 2 \times 1 = 24$

(2) $7\,! = 7 \times 6 \times 5 \times 4 \times 3 \times 2 \times 1 = 5040$

(3) $\dfrac{7\,!}{4\,!} = \dfrac{7 \times 6 \times 5 \times \boxed{4 \times 3 \times 2 \times 1}}{\boxed{4 \times 3 \times 2 \times 1}} = 7 \times 6 \times 5 = 210$ ■

練習 2.12 [29] 次の計算をしなさい. (1) $3\,!$ (2) $6\,!$ (3) $\dfrac{10\,!}{8\,!}$

2.3.2 順 列

異なる 3 枚のカード $\boxed{A}$, $\boxed{B}$, $\boxed{C}$ から 2 枚を選んで<u>一列に並べる</u>ことを考えよう. 実際にやってみると,

$$\boxed{A}\,\boxed{B}, \quad \boxed{A}\,\boxed{C}, \quad \boxed{B}\,\boxed{A}, \quad \boxed{B}\,\boxed{C}, \quad \boxed{C}\,\boxed{A}, \quad \boxed{C}\,\boxed{B}$$

の 6 通りある. これは, まず最初に 3 枚のカードから 1 枚を選ぶ選び方が 3 通りあり, そのそれぞれに対してさらに残りの 2 枚のカードから 1 枚を選ぶ選び方なので,

$$3 \times 2 = 6$$

より 6 通り, と計算によって求めることもできる.

---

28) $\dfrac{n\,!}{m\,!}$ の式が $m = 0$ でも成り立つようにと考えれば, $\dfrac{n\,!}{0\,!} = n \times (n-1) \times \cdots \times 1 = n\,!$ より $0\,! = 1$ と定義するのが都合よい.

29) **答 (練習 2.12)** (1) 6 (2) 720 (3) 90

このように，あるものの中からいくつかを選んで一列に並べるやり方を **順列** という．一般に，$n, r \in \mathbb{N}$ に対して，異なる $\boxed{n}$ 個の中から $\boxed{r}$ 個選んで一列に並べる順列の総数を ${}_n\mathrm{P}_r$ と表す[30]．先ほどの考察より，

$$\boxed{n}\mathrm{P}_{\boxed{r}} = \underbrace{\boxed{n} \times (n-1) \times (n-2) \times \cdots \times (n-(r-1))}_{\boxed{n}\text{ から1つずつ減らして }\boxed{r}\text{ 個掛ける}} = \frac{n!}{(n-r)!}$$

である．なお，便宜上 ${}_n\mathrm{P}_0 = 1$，${}_0\mathrm{P}_0 = 1$ と定義する[31]．

$n, r \in \mathbb{N}$，$1 \leq r \leq n$ に対して，

$$\begin{cases} {}_n\mathrm{P}_r = \underbrace{n \times (n-1) \times (n-2) \times \cdots \times (n-(r-1))}_{r \text{ 個}} \\ {}_n\mathrm{P}_0 = 1, \quad {}_0\mathrm{P}_0 = 1 \end{cases}$$

例 2.13　(1) ${}_5\mathrm{P}_4 = \underbrace{5 \times 4 \times 3 \times 2}_{4\text{ 個}} = 120$

(2) ${}_{10}\mathrm{P}_2 = 10 \times 9 = 90$

練習 2.13 [32]　次の順列の総数を計算しなさい．
(1) ${}_4\mathrm{P}_2$　(2) ${}_5\mathrm{P}_3$　(3) ${}_6\mathrm{P}_6$　(4) ${}_7\mathrm{P}_2$　(5) ${}_7\mathrm{P}_5$

2.3.3　組 合 せ

今度は，異なる3枚のカード $\boxed{\mathrm{A}}$，$\boxed{\mathrm{B}}$，$\boxed{\mathrm{C}}$ から2枚を選び，一列には並べずにただ選ぶことだけを考えよう．実際にやってみると，

$$\boxed{\mathrm{A}}\boxed{\mathrm{B}}, \quad \boxed{\mathrm{A}}\boxed{\mathrm{C}}, \quad \boxed{\mathrm{B}}\boxed{\mathrm{C}}$$

の3通りある．これは，異なる3枚のカードから2枚を選んで一列に並べる順列

---

30) 順列の総数の記号にある P は，「順列」を意味する英語 "permutation" の頭文字が由来である．

31) ${}_n\mathrm{P}_r = \dfrac{n!}{(n-r)!}$ の式が $r = 0$，$n = r = 0$ でも成り立つようにと考えれば ${}_n\mathrm{P}_0 = \dfrac{n!}{n!} = 1$，${}_0\mathrm{P}_0 = \dfrac{0!}{0!} = 1$ と定義するのが都合よい．

32) **答 (練習 2.13)**　(1) 12　(2) 60　(3) 720　(4) 42　(5) 2520

の総数 $_3\mathrm{P}_2$ に対して, 選んだ 2 枚それぞれについてそれらを一列に並べる順列の総数 $_2\mathrm{P}_2 = 2!$ だけ重複するので (例えば, $\boxed{\mathrm{A}}\,\boxed{\mathrm{B}}$, $\boxed{\mathrm{B}}\,\boxed{\mathrm{A}}$)

$$\frac{_3\mathrm{P}_2}{2!} = \frac{3 \times 2}{2 \times 1} = 3$$

より 3 通り, と計算によって求めることもできる.

このように, あるものの中からいくつかを選んで, 一列には並べずにただ選ぶやり方を **組合せ** という. 一般に, $n, r \in \mathbb{N}$ に対して, 異なる $\boxed{n}$ 個の中から r 個選ぶ組合せの総数を,

$$_n\mathrm{C}_r \qquad \text{あるいは} \qquad \begin{pmatrix} n \\ r \end{pmatrix}$$

と表す[33]. 先ほどの考察より,

$$_{\boxed{n}}\mathrm{C}_{r} = \frac{_{\boxed{n}}\mathrm{P}_{r}}{r!} = \frac{n!}{(n-r)!\,r!}$$

である. なお, 便宜上 $_n\mathrm{C}_0 = 1$, $_0\mathrm{C}_0 = 1$ と定義する[34].

$n, r \in \mathbb{N}$, $1 \le r \le n$ に対して,

$$_n\mathrm{C}_r = \frac{_n\mathrm{P}_r}{r!}, \quad _n\mathrm{C}_0 = 1, \quad _0\mathrm{C}_0 = 1$$

例 2.14 (1) $_5\mathrm{C}_4 = \dfrac{_5\mathrm{P}_4}{4!} = \dfrac{5 \times 4 \times 3 \times 2}{4 \times 3 \times 2 \times 1} = 5$

(2) $_{10}\mathrm{C}_2 = \dfrac{_{10}\mathrm{P}_2}{2!} = \dfrac{10 \times 9}{2 \times 1} = 45$

練習 2.14 [35] 次の組合せの総数を計算しなさい.

(1) $_4\mathrm{C}_2$ (2) $_5\mathrm{C}_3$ (3) $_6\mathrm{C}_6$ (4) $_7\mathrm{C}_2$ (5) $_7\mathrm{C}_5$

---

33) 組合せの総数の記号にある C は,「組合せ」を意味する英語 "combination" の頭文字が由来である.

34) $_n\mathrm{C}_r = \dfrac{_n\mathrm{P}_r}{r!}$ の式が $r = 0$, $n = r = 0$ でも成り立つようにと考えれば $_n\mathrm{C}_0 = \dfrac{_n\mathrm{P}_0}{0!} = 1$, $_0\mathrm{C}_0 = \dfrac{_0\mathrm{P}_0}{0!} = 1$ と定義するのが都合よい.

35) **答 (練習 2.14)** (1) 6 (2) 10 (3) 1 (4) 21 (5) 21

　組合せの総数をいくつか計算していると，あることに気づくだろう．例えば，$_5\mathrm{C}_4$ を計算すると，

$$_5\mathrm{C}_4 \;=\; \frac{_5\mathrm{P}_4}{4!} \;=\; \frac{5 \times \boxed{4 \times 3 \times 2}}{\boxed{4 \times 3 \times 2} \times 1} \;=\; 5$$

のように $\boxed{4 \times 3 \times 2}$ を約分することになり，結局は

$$_5\mathrm{C}_1 \;=\; \frac{_5\mathrm{P}_1}{1!} \;=\; \frac{5}{1} \;=\; 5$$

と同じなのではないか，と思ってしまう．じつは，

$n\,,\,r \in \mathbb{Z},\ 0 \le r \le n$ に対して，
$$_n\mathrm{C}_{n-r} \;=\; {}_n\mathrm{C}_r$$

が成り立つのである．これは，組合せの考え方から，「選ぶ r 個」の組合せの総数は，「選ばない残りの $(n-r)$ 個」の組合せの総数と同じになるからであるが，組合せの総数の式を変形しても導くことができる[36]．今後は，状況に応じてこの性質を利用し，うまく計算しよう．

例 2.15　$_{10}\mathrm{C}_8 = {}_{10}\mathrm{C}_{10-8} = {}_{10}\mathrm{C}_2 = \dfrac{_{10}\mathrm{P}_2}{2!} = \dfrac{10 \times 9}{2 \times 1} = 45$　∎

練習 2.15 [37]　組合せの総数の性質を利用して，次を計算しなさい．
(1) $_6\mathrm{C}_6$　　(2) $_7\mathrm{C}_5$　　(3) $_8\mathrm{C}_7$

2.3.4　二 項 定 理

　$a\,,\,b \in \mathbb{R},\ ab \ne 0,\ n \in \mathbb{N}$ に対して，$(a+b)^n$ の展開式を **二項展開** という．まずは，$(a+b)^1$，$(a+b)^2$，$(a+b)^3$，$(a+b)^4$ を結合・交換・分配法則などの実数の演算法則を利用して展開してみよう[38]．

---

36)　章末問題【A】6．
37)　**答 (練習 2.15)**　(1) 1　(2) 21　(3) 8
38)　結合・交換・分配法則などの実数の演算法則については，p.3 を参照のこと．

$$(a+b)^1 = a+b$$
$$(a+b)^2 = a^2 + 2ab + b^2$$
$$(a+b)^3 = a^3 + 3a^2b + 3ab^2 + b^3$$
$$(a+b)^4 = a^4 + 4a^3b + 6a^2b^2 + 4ab^3 + b^4$$

ここで, 各項の係数を下図のように並べる. これを **パスカルの三角形** という.

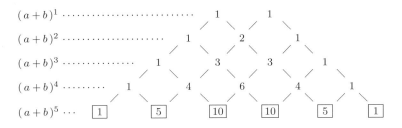

パスカルの三角形をみると, 各行の両端の数は 1 であり, 隣り合う 2 つの数の和は下の行のそれらの間の数と一致している. これより, $(a+b)^n$ を展開したときの各項の係数がわかる.

例 2.16 パスカルの三角形を利用すれば, $(a+b)^5$ を展開したときの各係数が, 左から順に 1, 5, 10, 10, 5, 1 となることがわかるので, $(a+b)^5$ の展開式は

$$(a+b)^5 = a^5 + 5a^4b + 10a^3b^2 + 10a^2b^3 + 5ab^4 + b^5$$

である.

練習 2.16 [39)] パスカルの三角形を利用して, $(a+b)^6$ の展開式を求めなさい.

では, $(a+b)^{100}$ の展開式はどうだろうか? この場合, パスカルの三角形を用いても求めるのは大変である. そこで, $a, b \in \mathbb{R}$, $ab \neq 0$, $n \in \mathbb{N}$ に対して, $(a+b)^n$ の展開式を考えよう. まず, $(a+b)^2$ を展開したときの ab の係数について, 詳しくみてみると,

39) 答 (練習 **2.16**) $(a+b)^6 = a^6 + 6a^5b + 15a^4b^2 + 20a^3b^3 + 15a^2b^4 + 6ab^5 + b^6$

$$(a+b)^2 = \left(\boxed{a} + \boxed{b} \right) \times \left(\boxed{\boxed{a}} + \boxed{\boxed{b}} \right)$$

$$= \boxed{a} \times \left(\boxed{\boxed{a}} + \boxed{\boxed{b}} \right) + \boxed{b} \times \left(\boxed{\boxed{a}} + \boxed{\boxed{b}} \right)$$

$$= \boxed{a} \times \boxed{\boxed{a}} + \boxed{a} \times \boxed{\boxed{b}} + \boxed{b} \times \boxed{\boxed{a}} + \boxed{b} \times \boxed{\boxed{b}}$$

$$= a^2 + 2ab + b^2$$

となる. このとき, ab という項は $\boxed{a} \times \boxed{\boxed{b}}$ と $\boxed{b} \times \boxed{\boxed{a}}$ の2通りによって
つくられるので, ab の係数は 2 となる. つまり, この 2 という数字は, 2つ
の $\{a, b\}$ から b を 1 つ選ぶ組合せの総数 ${}_2\mathrm{C}_1$ と同じなのである.

$$\{\boxed{a}, \boxed{b}\} \quad \times \quad \{\boxed{\boxed{a}}, \boxed{\boxed{b}}\}$$

a	$\times$	b
b	$\times$	a

$\left.\right\}$ (2通り)

　同様に, $(a+b)^3$ を展開したときの ab^2 の係数について調べると,

$$(a+b)^3 = (a+b) \times (a+b) \times (a+b)$$

であるから, ab^2 をつくるためには3つの $\{a, b\}$ から b を2つ選べばよい
ので, ab^2 の係数は ${}_3\mathrm{C}_2 = 3$ となる. 実際に展開すると, $(a+b)^3 = a^3 + 3a^2b + 3ab^2 + b^3$ であるから, ab^2 の係数は確かに 3 であることが
わかる.

$\{a, b\}$	$\times$	$\{a, b\}$	$\times$	$\{a, b\}$
a	$\times$	b	$\times$	b
b	$\times$	a	$\times$	b
b	$\times$	b	$\times$	a

$\left.\right\}$ (3通り)

　一般に, $n \in \mathbb{N}$, $r \in \mathbb{Z}$, $0 \leq r \leq n$ に対して, $(a+b)^n$ を展開したとき
の $a^{n-r}b^r$ の係数は, n 個の $\{a, b\}$ から b を r 個選ぶ組合せの総数 ${}_n\mathrm{C}_r$
となる. つまり, $(a+b)^n$ の展開式は

$$(a+b)^n = {}_n\mathrm{C}_0\, a^n + {}_n\mathrm{C}_1\, a^{n-1}b + {}_n\mathrm{C}_2\, a^{n-2}b^2 + {}_n\mathrm{C}_3\, a^{n-3}b^3 + \cdots$$

$$+ {}_n\mathrm{C}_r\, a^{n-r}b^r + \cdots + {}_n\mathrm{C}_{n-1}\, ab^{n-1} + {}_n\mathrm{C}_n\, b^n$$

$$= \sum_{r=0}^{n} {}_n\mathrm{C}_r\, a^{n-r}b^r$$

である[40]. これを **二項定理** という.

定理 2.1 (二項定理)

$a\,, b \in \mathbb{R}\,,\ a\,b \neq 0\,,\ n \in \mathbb{N}$ に対して, $(a+b)^n$ の展開式は

$$(a+b)^n = \sum_{r=0}^{n} {}_n\mathrm{C}_r\, a^{n-r}\, b^r$$

このように, 二項定理により展開した各係数が組合せの総数と一致することから, 組合せの総数 ${}_n\mathrm{C}_r$ のことを **二項係数** ということもある. また, パスカルの三角形より,

---

$n \in \mathbb{N}\,,\ r \in \mathbb{Z}\,,\ 0 \leq r \leq n-1$ に対して,
$${}_n\mathrm{C}_r + {}_n\mathrm{C}_{r+1} = {}_{n+1}\mathrm{C}_{r+1}$$

が成り立つことがわかる[41].

例 2.17 (1) $a\,, b \in \mathbb{R}\,,\ a\,b \neq 0$ に対して, $(a+b)^{10}$ を展開したときの $a^7 b^3$ の係数を求めよう. 二項定理 (定理 2.1) より, $n = 10\,,\ r = 3$ のときの係数 ${}_{10}\mathrm{C}_3$ を計算すると,

$${}_{10}\mathrm{C}_3 = \frac{{}_{10}\mathrm{P}_3}{3!} = \frac{10 \times 9 \times 8}{3 \times 2 \times 1} = 120$$

(2) $a\,, b \in \mathbb{R}\,,\ a\,b \neq 0$ に対して, $(a-2b)^{10}$ を展開したときの $a^7 b^3$ の係数を求めよう. ここで注意しないといけないことは, 二項定理は $(a+b)^n$ の形で表記されているために, いまの場合, そのまま二項定理を適用できない点である. このようなときは,

$$(a-2b)^{10} = \big(a + \underbrace{(-2b)}_{=B}\big)^{10} = (a + \boxed{B})^{10}$$

のように置き換えて考えるとよい. $(a + \boxed{B})^{10}$ を展開したときの一般項は, 二項定理より

---

40) ここでは $r = 0$ からの和としていることに注意.
41) 章末問題【A】7.

$$_{10}C_r \, a^{10-r} \, \boxed{B}^{\,r} \;=\; _{10}C_r \, a^{10-r} \, \underbrace{(-2b)}_{=(-2)^r \cdot b^r}{}^{\!r} \;=\; (-2)^r \cdot {}_{10}C_r \, a^{10-r} \, b^r$$

$(r = 0, 1, 2, \ldots, 10)$ であるから，$a^7 b^3$ の係数を求めるには $r = 3$ とすればよい．したがって，

$$(-2)^3 \cdot {}_{10}C_3 \, a^{10-3} \, b^3 \;=\; -8 \cdot \frac{10 \times 9 \times 8}{3 \times 2 \times 1} \cdot a^7 b^3 \;=\; -960 \, a^7 b^3$$

より求める係数は -960. ∎

練習 2.17 [42)]　$a, b \in \mathbb{R}$, $ab \neq 0$ に対して，以下の問いに答えなさい．

(1) $(a + b)^{20}$ を展開したときの $a^3 b^{17}$ の係数を求めなさい．

(2) $(a - b)^{20}$ を展開したときの $a^3 b^{17}$ の係数を求めなさい．

(3) $(2a - b)^{20}$ を展開したときの $a^3 b^{17}$ の係数を求めなさい．

2.4　命題論理

2.4.1　命題の定義

事物の判断について述べた文や式を **命題** という．数学では，その命題が正しいか正しくないかの判断が明確にできるもののみを扱う．命題が正しいときは **真** であるといい，正しくないときは **偽** であるという．命題のなかには，陳述の当事者や状況，変数の値によって真偽の変わるものも多いが，このように命題のなかに代名詞や変数が入っていて，それに具体的な事物や値があてはめられて真偽が定まる命題を **命題関数** という．

例 2.18　(1)「$x = 1$ は 2 次方程式 $x^2 - x - 2 = 0$ の解である．」という命題は偽である[43)]．なぜならば，$x = 1$ をこの 2 次方程式の左辺に代入すると，$1 - 1 - 2 = -2 \neq 0$ (右辺) となり，方程式を満たさないからである．

(2)「今日は水曜日である．」は，「今日」が水曜日ならば真であり，「今日」が水曜日以外ならば偽であるような命題関数である． ∎

練習 2.18 [44) 「0 は自然数である.」という命題の真偽を答えなさい.

2.4.2 論 理 演 算

いくつかの命題を結合して新しい命題をつくる操作を **論理演算** といい, その命題を **論理式** という. 2 つの命題 P, Q に関する演算として, 以下を定義する.

論理和 $P \lor Q$： P と Q の少なくとも一方が真のとき, 真と定める.

論理積 $P \land Q$： P と Q がともに真のときのみ, 真と定める.

否 定 $\neg P$ ： P が真のときは偽と定め, P が偽のときは真と定める.

含 意 $P \Rightarrow Q$：「P が真 かつ Q が偽」のときのみ, 偽と定める.

論理式の真偽をまとめた表を **真偽表** あるいは **真理値表** という. 真偽表では, 真を T, 偽を F で表す[45)]. 前述の各論理演算の真偽表は以下のとおりである.

P	Q	$P \lor Q$	$P \land Q$	$\neg P$	$P \Rightarrow Q$
T	T	T	T	F	T
T	F	T	F	F	F
F	T	T	F	T	T
F	F	F	F	T	T

例 2.19 P：「6 は 5 で割り切れる」, Q：「6 は 4 で割り切れる」とすると, P も Q も偽である. また, 各論理演算は以下のとおりである.

$P \lor Q$： 「6 は 5 または 4 のどちらか一方で割り切れる.」は, 6 は 5 でも 4 でも割り切れないので, 偽である.

$P \land Q$： 「6 は 5 と 4 の両方で割り切れる.」は, 6 は少なくとも 5 で割り切れないので, 偽である.

$\neg P$： 「6 は 5 で割り切れない.」は, 確かにそのとおりなので, 真である.

$P \Rightarrow Q$： 「6 は 5 で割り切れるならば, 6 は 4 で割り切れる.」は, 6 は 5 で割り切れるという前提が偽なので, この含意命題は真となる. ∎

---

44) 答 (練習 **2.18**) 偽 ($0 \in \mathbb{Z}$ だが $0 \in \mathbb{N}$ ではない)
45) それぞれの英語 "true", "false" の頭文字を用いている.

注意 (1) 例 2.19 の結果は，真偽表の「P が F，Q が F」の行と同じになっていることに注意する.

(2) 「$P \Rightarrow Q$ かつ $Q \Rightarrow P$」のことを $P \Leftrightarrow Q$ と表す.

(3) 含意 $P \Rightarrow Q$ は，日常の感覚とは異なり，P と Q の因果関係を考慮しない.

練習 2.19 [46)] P：「8 は 2 で割り切れる.」，Q：「8 は 7 で割り切れる.」とするとき，P，Q，$P \lor Q$，$P \land Q$，$\neg P$，$P \Rightarrow Q$ それぞれの真偽を調べなさい.

2.4.3 十分条件・必要条件・必要十分条件

2 つの命題 P, Q の含意命題 $\boxed{P} \Rightarrow \boxed{Q}$ が真であるとき，

「$\boxed{P}$ は $\boxed{Q}$ であるための **十分条件** である」

あるいは

「$\boxed{Q}$ は $\boxed{P}$ であるための **必要条件** である」

図 2.8 $P \Rightarrow Q$ のイメージ

という. これは，以下のように各命題が真となるような集合をイメージし，

- 「$\boxed{P}$ は $\boxed{Q}$ であるために十分」なので十分条件
- 「$\boxed{Q}$ は $\boxed{P}$ であるために必要」なので必要条件

と考えるとわかりやすい[47)].

また，2 つの含意命題 $P \Rightarrow Q$ と $Q \Rightarrow P$ がともに真であるとき，つまり $P \Leftrightarrow Q$ が真であるとき，「P は Q であるための **必要十分条件** である」あるいは 「P と Q は **同値** である」という[48)].

ここで，P, Q を命題とする. 含意命題 $P \Rightarrow Q$ に対して，

$Q \Rightarrow P$ を **逆**， $(\neg P) \Rightarrow (\neg Q)$ を **裏**， $(\neg Q) \Rightarrow (\neg P)$ を **対偶**

という. 含意命題とその対偶の間には次の重要な関係がある.

---

46) **答 (練習 2.19)** P：真，Q：偽，$P \lor Q$：真，$P \land Q$：偽，$\neg P$：偽，$P \Rightarrow Q$：偽

47) つまり，集合で考えれば $P \subset Q$ が成り立つことと同じである.

48) このとき，「Q は P であるための必要十分条件である」ともいえる.

┌─ 定理 2.2 (含意命題と対偶の真偽の一致) ──────────
│
│　含意命題とその対偶の真偽は一致する.
└──────────────────────────────────

証明　2 つの命題 P, Q に対して, 含意命題 $P \Rightarrow Q$ とその対偶 $(\neg Q) \Rightarrow (\neg P)$ の真偽表を書くと

P	Q	$P \Rightarrow Q$	$\neg Q$	$\neg P$	$(\neg Q) \Rightarrow (\neg P)$
T	T	T	F	F	T
T	F	F	T	F	F
F	T	T	F	T	T
F	F	T	T	T	T

となり, すべての場合において両命題の真偽が一致することがわかる.　□

例 2.20　ある三角形 ABC に関する 2 つの命題 P, Q を,

$$P:「三角形 ABC は \boxed{正三角形} である.」$$
$$Q:「三角形 ABC は \boxed{二等辺三角形} である.」$$

とする. このとき, 含意命題 $P \Rightarrow Q$ は

「三角形 ABC が 正三角形 であるならば, ABC は 二等辺三角形 である.」

であり, 正三角形 ならば必ず 二等辺三角形 であるから, この命題は真である. このとき, 三角形 ABC が 正三角形 であることは, ABC が 二等辺三角形 であるために十分なので,

　　「三角形 ABC が 正三角形 であることは,

　　　　　　ABC が 二等辺三角形 であるための十分条件である」

といえる. また, 三角形 ABC が 二等辺三角形 であることは, ABC が 正三角形 であるために必要なので,

　　「三角形 ABC が 二等辺三角形 であることは,

　　　　　　ABC が 正三角形 であるための必要条件である」

といえる. ただし, 逆の含意命題

「三角形 ABC が 二等辺三角形 であるならば, ABC は 正三角形 である.」

は成り立たない, つまり偽な命題なので, 同値ではない.　　　　　■

注意 例 2.20 の含意命題の逆

「三角形 ABC が 二等辺三角形
であるならば, ABC は 正三角形 である.」

は成り立たないが, これは例えば三角形 ABC と
して, 2 辺 AB, AC の長さが 2, 残りの1辺 BC
の長さを 1 とする三角形を考えると, この三角

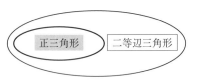

図 2.9　例 2.20 のイメージ

形 ABC は二等辺三角形であるが正三角形ではないことがすぐにわかる. このように,
「すべてのものに対して命題が成り立つ」ことを否定するには, 成り立たない例を具体的
に 1 つあげればよい. それを 反例 という.

練習 2.20 [49)]　次の □ に入ることばを考えなさい.

ある数 a に関する 2 つの命題 P, Q を,

$$P : 「a は自然数である.」,\quad Q : 「a は整数である.」$$

とする. このとき, 含意命題 $P \Rightarrow Q$ は

「a が [(1)] であるならば, a は [(2)] である.」

であり, [(1)] ならば必ず [(2)] であるから, この命題は [(3)] である.

このとき, a が自然数であることは, a が整数であるために [(4)] なので,

「a が自然数であることは, a が整数であるための [(4)] 条件である」

といえる. また, a が整数であることは, a が自然数であるために [(5)]
なので,

「a が整数であることは, a が自然数であるための [(5)] 条件である」

といえる. ただし, 逆の含意命題

「a が [(6)] であるならば, a は [(7)] である.」

は [(8)] なので, [(9)] ではない. この命題の [(10)] としては, 例えば
$a = -1$ があげられる.

---

49)　答 (練習 **2.20**)　(1) 自然数　(2) 整数　(3) 真　(4) 十分　(5) 必要　(6) 整数
(7) 自然数　(8) 偽　(9) 同値　(10) 反例

2.5 証明法

数学の定理 (性質) を証明するとき, 次の 3 つの方法をよく用いる.

(1) **対偶法:** 含意命題の真偽をそのまま証明するのが難しいとき, 定理 2.2 より含意命題の対偶をとって, その真偽を証明する方法.

(2) **背理法:** 証明したい命題 (含意命題) を否定して矛盾を導く方法[50].

(3) **数学的帰納法:** 一般に自然数に関する定理について, 考えている最初の自然数で成り立つことと, ある自然数で成り立つことを仮定したときに, その次の自然数でも成り立つことの 2 つを証明することによって, 考えているすべての自然数について成り立つことを証明する方法.

それぞれの証明法について, 以下で詳しくみてみよう.

なお, 本節では, 証明したい命題を明確にし, さらに証明の過程をしっかりとみてもらいたいため, 「例」ではなく「例題」と「解答」の形で述べる. また, 解答の前に「方針」を設け, どのように証明していくのか道筋を示すことにする.

2.5.1 対偶法

含意命題の対偶をとってから真偽を証明する方法である.

例題 1 $n \in \mathbb{N}$ とする. 次の命題を証明しなさい.

「n^2 が偶数であるならば, n も偶数である.」

方針 この命題は, 2 つの命題

$$P : 「n^2 は偶数である.」, \quad Q : 「n は偶数である.」$$

の含意命題 $P \Rightarrow Q$ であるが, この含意命題をそのまま証明するのは難しいので, 対偶法を用いて $(\neg Q) \Rightarrow (\neg P)$ の真偽を調べる.

解答 この命題の対偶は

「n が偶数でないならば, n^2 も偶数でない.」

であるが, 自然数に対して「偶数でない」ことは「奇数である」ことと同値なので, この命題は

「n が奇数であるならば, n^2 も奇数である.」

といい換えることができる. この命題を証明しよう.

---

50) 含意命題 $P \Rightarrow Q$ と論理積 $P \wedge (\neg Q)$ の真偽は逆転していることを, 真偽表を用いて確認しよう (章末問題【A】4).

$n \in \mathbb{N}$ は奇数なので, $n = 2k - 1 \ (k \in \mathbb{N})$ と書ける[51]. 辺々を 2 乗して

$$n^2 \ = \ (2k-1)^2 \ = \ 4k^2 - 4k + 1 \ = \ 4k^2 - 4k + 2 - 1$$
$$= \ 2 \times (2k^2 - 2k + 1) - 1$$

となるが, $k \in \mathbb{N}$ であるから $2k^2 - 2k + 1 \in \mathbb{N}$ がいえ, それゆえ n^2 も奇数であることがわかる[52]. よって, 対偶が真であることが証明できたので, もとの含意命題も真である[53].   □

練習 2.21 [54] $n \in \mathbb{N}$ とする. 次の命題を証明しなさい.

(1) 「n^2 が奇数であるならば, n も奇数である.」

(2) 「n^2 が 3 の倍数であるならば, n も 3 の倍数である.」

2.5.2 背理法

証明したい命題 (含意命題) を否定して矛盾を導く方法である.

例題 2 命題 「$\sqrt{2}$ は無理数である.」 を証明しなさい[55].

方針 この命題をそのまま証明するのは難しいので, この命題を否定して矛盾を導く背理法を用いて証明する.

解答 $\sqrt{2}$ が実数であることを認めてこの命題を否定すると, 実数において「無理数でない」ことと「有理数である」ことは同値であるから, 「$\sqrt{2}$ は有理数である.」ということになる. これを仮定すると, 有理数の性質と, $\sqrt{2}$ は正の数であることから, ある $m, n \in \mathbb{N}$ で

$$\sqrt{2} = \frac{n}{m}$$

と既約分数で表すことができる[56]. この式の辺々を 2 乗して整理すると

---

51) $n = 2k + 1$ とすると, $n = 1$ を含むため k の条件は 0 以上の整数となる.

52) $2k^2 - 2k + 1 \in \mathbb{N}$ は必ず明記すること. もし $2k^2 - 2k + 1 \notin \mathbb{N}$ とすると, $2 \times (2k^2 - 2k + 1) - 1$ が奇数であるとはいえなくなるからである.

53) じつは P と Q は同値である.

54) 答 (練習 2.21) 証明は p.168 を参照.

55) 含意命題のように表記すると「$x = \sqrt{2}$ ならば, x は無理数である.」

56) これ以上約分できない (分母と分子の最大公約数が 1 の) 分数を 既約分数 という.

$n^2 = 2m^2$ である. $m \in \mathbb{N}$ より $m^2 \in \mathbb{N}$ であるから[57], n^2 は偶数である. ここで, 先の 例題1 (p.57) の命題が真であることから n も偶数であることがわかるので, $n = 2p$ $(p \in \mathbb{N})$ と表すことができる. これを $n^2 = 2m^2$ に代入すると

$$(2p)^2 = 2m^2 \qquad \Leftrightarrow \qquad m^2 = 2p^2$$

となり, 再び 例題1 の命題を使うことで m も偶数であることがわかる. すると, m も n も偶数となるので, $\dfrac{n}{m}$ が既約分数であることに矛盾する. つまり, 最初の仮定「$\sqrt{2}$ は有理数である.」が間違っていたことになる. したがって, もとの命題は成り立つ. □

練習 2.22 [58]　命題「$\sqrt{3}$ は無理数である.」を証明しなさい. 練習 2.21 (2) の結論を用いてもよい.

2.5.3 数学的帰納法

一般に, 自然数に関する定理について,

---

[1]　考えている最初の自然数で成り立つ (必ずしも 1 とは限らない!).

[2]　ある自然数 k で成り立つことを仮定し, その次の自然数 $k+1$ でも成り立つ.

の2つを証明することによって, 考えているすべての自然数について成り立つことを証明する方法である.

例題 3　次の命題を証明しなさい.
　　「すべての $n \in \mathbb{N}$ に対して, $\displaystyle\sum_{k=1}^{n}(2k-1) = n^2$ である.」

（方針）　すべての自然数に対する命題なので, 数学的帰納法を用いて証明する[59].

---

57) 脚注 52 と同様の理由で, $m^2 \in \mathbb{N}$ は必ず明記すること.

58) **答 (練習 2.22)**　証明は巻末の略解 (p.169) に掲載.

59) あるいは, うまく式変形することにより証明できればそれでもよい.

解答 まず, 数学的帰納法の証明途中で k を用いるので, 和の記号内の k を j に書き換えて $\displaystyle\sum_{j=1}^{n}\left(2j-1\right)$ とする. つまり, いま証明したい命題は「すべての $n \in \mathbb{N}$ に対して, $\displaystyle\sum_{j=1}^{n}\left(2j-1\right) = n^2$ である.」である.

[1] $n = 1$ のとき, 成り立つことを証明する. $n = 1$ のとき,

$$(左辺) = \sum_{j=1}^{1}\left(2j-1\right) = \underbrace{1}_{j=1}, \qquad (右辺) = 1^2 = 1$$

であるから, (左辺) = (右辺) が示せた.

[2] $n = k$ のとき成り立つと仮定し, $n = k+1$ のとき成り立つことを証明する. $n = k$ のとき, $\boxed{\displaystyle\sum_{j=1}^{k}\left(2j-1\right) = k^2}$ が成り立つと仮定し, $n = k+1$ のとき $\displaystyle\sum_{j=1}^{k+1}\left(2j-1\right) = \left(k+1\right)^2$ が成り立つことを示す. 仮定より,

$$(左辺) = \sum_{j=1}^{k+1}\left(2j-1\right) = \sum_{j=1}^{k}\left(2j-1\right) + \underbrace{\left(2\left(k+1\right)-1\right)}_{j=k+1}$$

$$= k^2 + 2k + 1 = \left(k+1\right)^2,$$

$$(右辺) = \left(k+1\right)^2$$

であるから, $n = k+1$ のときも (左辺) = (右辺) が示せた.

よって, すべての $n \in \mathbb{N}$ に対して $\displaystyle\sum_{j=1}^{n}\left(2j-1\right) = n^2$ が成り立つ. □

注意 展開式 $k^2 - \left(k-1\right)^2 = 2k-1$ に気がつけば, 以下のようにできる.

$$\sum_{k=1}^{n}\left(2k-1\right) = \sum_{k=1}^{n}\left\{k^2 - \left(k-1\right)^2\right\}$$

$$= \left(1-0\right) + \left(4-1\right) + \left(9-4\right) + \cdots$$

$$+ \left\{\left(n-1\right)^2 - \left(n-2\right)^2\right\} + \left\{n^2 - \left(n-1\right)^2\right\}$$

$$= \left\{n^2 \underbrace{- \left(n-1\right)^2\right\} + \left\{\left(n-1\right)^2}_{=0} - \left(n-2\right)^2\right\} + \cdots$$

$$+ \left(9 \underbrace{-4\right) + \left(4}_{=0} \underbrace{-1\right) + \left(1}_{=0} -0\right) = n^2 - 0 = n^2$$

> **練習 2.23** [60]　次の命題を証明しなさい.
>
> 「すべての $n \in \mathbb{N}$ に対して,　$\displaystyle\sum_{k=1}^{n} \frac{1}{k(k+1)} = \frac{n}{n+1}$　である.」

第 2 章　章末問題

【A】　(答えは p.170)

1. 次の集合を内包的記法で表しなさい. また, 外延的記法や区間での表記も可能な
ものは, それも書きなさい.

(1) 3 より大きく 10 より小さいの整数の集合 A.

(2) 0 より大きい実数の集合 B.

(3) 5 より大きく 3 より小さい自然数の集合 C.

2. 全体集合 U と, その 2 つの部分集合 A, B を次で定めるとき, $A \cup B$, $A \cap B$, A^c,
$A \setminus B$ をそれぞれ求めなさい. さらに, (1) は $A \times B$ も求めなさい.

(1) $U = \{0, 1, 2, 3, 4, 5\}$, $A = \{0, 1, 2, 3\}$, $B = \{1, 2\}$

(2) $U = \{x \in \mathbb{N} \mid 10 \leq x \leq 20\}$,
$A = \{x \in U \mid x \text{ は } 2 \text{ で割り切れる}\}$, $B = \{x \in U \mid x \text{ は } 3 \text{ で割り切れる}\}$

(3) $U = \mathbb{R}$, $A = (-\infty, 0]$, $B = [0, \infty)$

3. 次の和を $\sum$ で表し, その和を計算しなさい.

(1) $S_1 = 1 + 2 + 3 + 4 + \cdots + n$　　(2) $S_2 = 1 + 2 + 4 + 8 + \cdots + 2^{n-1}$

4. P, Q を命題とする. 次の各組の命題の真偽は一致することを, 真偽表を用いて
確かめなさい.

(1) $\neg(\neg P)$　と　P　　　　　(2) $\neg(P \wedge Q)$　と　$(\neg P) \vee (\neg Q)$

(3) $P \Rightarrow Q$　と　$\neg(P \wedge (\neg Q))$

5. 次の命題を証明しなさい.

(1) $n \in \mathbb{N}$ とする. n^2 が 5 の倍数ならば, n も 5 の倍数である.

(2) すべての $n \in \mathbb{N}$ に対して, $\displaystyle\sum_{k=1}^{n} k^2 = \frac{n(n+1)(2n+1)}{6}$ が成り立つ.

(3) $a, b \in \mathbb{R}$ に対して, $ab = 0$　$\Leftrightarrow$　「$a = 0$ または $b = 0$」

6. $n, r \in \mathbb{Z}$, $0 \leq r \leq n$ とする. $_n\mathrm{C}_{n-r} = {}_n\mathrm{C}_r$ を式変形により証明しなさい.

7. $n \in \mathbb{N}$, $r \in \mathbb{Z}$, $0 \leq r \leq n-1$ とする. $_n\mathrm{C}_r + {}_n\mathrm{C}_{r+1} = {}_{n+1}\mathrm{C}_{r+1}$ を式変形
により証明しなさい.

---

[60]　**答 (練習 2.23)**　証明は巻末の略解 (p.169) に掲載.

【B】 (答えは p.171)

1. 集合 $A = \{1, 2, 3, 4\}$ の部分集合をすべて求め, その個数を求めなさい.

2. n 個の元からなる集合の部分集合は 2^n 個あることを証明しなさい.

3. 2 つの等式 $k^3 - (k-1)^3 = 3k^2 - 3k + 1$, $\sum_{k=1}^{n} k = \dfrac{n(n+1)}{2}$ を用いて,

$\sum_{k=1}^{n} k^2$ を n の式で表しなさい.

4. 次の命題を証明しなさい. (2) は対数の知識が必要 (6.2 節).

(1) $\sqrt{5}$ は無理数である. 章末問題【A】5 (1) の結論を用いてもよい.

(2) $\log_{10} 2$ は無理数である.

(3) $z, w \in \mathbb{C}$ に対して, $zw = 0$ ⇔ 「$z = 0$ または $w = 0$」

5. 関係式 $\dfrac{1}{k(k+1)} = \dfrac{1}{k} - \dfrac{1}{k+1}$ を用いて, 次の命題を証明しなさい.

「すべての $n \in \mathbb{N}$ に対して, $\sum_{k=1}^{n} \dfrac{1}{k(k+1)} = \dfrac{n}{n+1}$ である.」

6. 二項定理を用いて, 次の命題を証明しなさい.

「すべての $n \in \mathbb{N}$ に対して, $\sum_{r=0}^{n} {}_nC_r = 2^n$ である.」

7. $-1 < r < 1$ とする. 初項 1, 公比 r の等比数列 $\{a_n\}$ において, 次を求めなさい. (3) は極限の知識が必要 (4.5 節).

(1) 一般項 a_n

(2) 初項から第 n 項までの和 S_n

(3) 極限値 $S = \lim_{n \to \infty} S_n$　　(Hint) $-1 < r < 1$ なので $\lim_{n \to \infty} r^n = 0$ である.

3
方 程 式

この章では，まず恒等式と方程式について説明し，次に 2 次方程式や高次方程式の解法について述べる．

3.1 恒等式・方程式

文字を含む 2 つの多項式を等号で結んだ式 (等式 という) のうち，その文字に考えている範囲内の「どのような数」を代入してもつねに成り立つ式を 恒等式という．一方，その文字に考えている範囲内の「ある特定の数」を代入したときのみ成り立つ式を 方程式 いう．このとき，着目している文字を 未知数 という．

方程式の未知数 x を求めるには，未知数の入った項を左辺に，未知数の入っていない項 (定数項 という) を右辺にそれぞれ移せばよい[1]．このように，方程式を満たすような未知数を求めることを 方程式を解く といい，そのときの未知数の値を 解 という．なお，未知数は 1 つであるとは限らない．また，多項式からなる方程式に対して，各項の未知数の次数のうち最大のものが $n\ (\in \mathbb{N})$ であるとき，これを **n 次方程式** という．一般に，n 次方程式は (複素数の範囲で，重複も含め) n 個の解をもつことが知られている[2]．

例 3.1　$x \in \mathbb{R}$ に関する等式
$$2x + 3 = 1 + 2(1 + x)$$
は，x にどのような実数を代入しても成り立つので恒等式である．一方，
$$2x + 3 = x + 4$$

---

1) 左辺や右辺の項を，もう一方の辺に移すことを 移項する という．
2) この性質は「代数学の基本定理」から得られるものである．

は $x = 1$ のときのみ成り立つので, 方程式である. 実際, 移項すれば

$$2x - x = 4 - 3$$

であるから, $x = 1$ がこの方程式の解である. ■

練習 3.1 [3]　次の $x \in \mathbb{R}$ に関する等式は恒等式か, 方程式か？ 理由とともに答えなさい.

(1)　$2(x + 3) = (7 - x) + (2x - 1)$

(2)　$2(x + 3) = (7 - x) + (3x - 1)$

3.2　2 次方程式

　この節では未知数を複素数 $\mathbb{C}$ の範囲で考える. $x \in \mathbb{C}$ を未知数とする 2 次方程式は,

$$ax^2 + bx + c = 0 \quad (a \neq 0)$$

と表すことができる. なお, 係数 a, b, c は実数としておく.

　2 次方程式を解くには, もし左辺がある程度簡単に因数分解できればそれを用いればよいし, そうでなければ解の公式を利用する. まずは, 解の公式を導く際に必要な平方完成という操作から紹介する.

3.2.1　平 方 完 成

次の等式の左辺から右辺への変形を 平方完成 という[4].

定理 3.1 (平方完成)

$x \in \mathbb{C}, a, b, c \in \mathbb{R}, a \neq 0$ とするとき,

$$ax^2 + bx + c = a\left(x + \frac{b}{2a}\right)^2 - \frac{b^2}{4a} + c$$

---

3)　答 **(練習 3.1)**　(1) 方程式 ($x = 0$ のときのみ成り立つ)
(2) 恒等式 (すべての $x \in \mathbb{R}$ で成り立つ)
　4)　平方完成は, 定理 3.1 の式を暗記するのではなく, 証明にあるような方法で自力で変形できるようにすることが望ましい.

証明 2乗の展開式 $\left(\boxed{A}+\boxed{B}\right)^2 = \boxed{A}^2 + \boxed{2}\,\boxed{A}\,\boxed{B} + \boxed{B}^2$ を利用して, 次のように変形すればよい[5].

$$ax^2 + bx + c$$

$$= a\left(x^2 + \frac{b}{a}x\right) + c = a\left(x^2 + \boxed{2}\cdot\frac{b}{\boxed{2}a}x\right) + c$$

$$= a\left(\boxed{x}^2 + \boxed{2}\cdot\boxed{\frac{b}{2a}}\,\boxed{x} + \underbrace{\boxed{\frac{b}{2a}}^2 - \boxed{\frac{b}{2a}}^2}_{=0}\right) + c$$

$$= a\left\{\left(\boxed{x} + \boxed{\frac{b}{2a}}\right)^2 - \boxed{\frac{b}{2a}}^2\right\} + c$$

$$= a\left(x + \frac{b}{2a}\right)^2 - \frac{b^2}{4a} + c \qquad\qquad \square$$

例 3.2 $6x^2 - x - 1$ を平方完成してみよう.

$$6x^2 - x - 1 = 6\left(x^2 - \frac{1}{6}x\right) - 1 = 6\left(\boxed{x}^2 - \boxed{2}\cdot\boxed{\frac{1}{12}}\,\boxed{x}\right) - 1$$

$$= 6\left\{\left(\boxed{x} - \boxed{\frac{1}{12}}\right)^2 - \boxed{\frac{1}{12}}^2\right\} - 1$$

$$= 6\left(x - \frac{1}{12}\right)^2 - \frac{1}{24} - 1 = 6\left(x - \frac{1}{12}\right)^2 - \frac{25}{24} \quad\blacksquare$$

練習 3.2 [6] 次の2次式を平方完成しなさい.

(1) $3x^2 + 4x - 2$ (2) $x^2 + x + 1$

3.2.2 解の公式

2次方程式の解を求めるための公式は, 数学を扱ういろいろな場面で現れるので, 導出過程を理解したうえで公式を覚え, すぐに解を求められるようにしておくとよい.

---

5) 数学ではこのように無理やり変形することがよくある.
6) 答 (練習 3.2) (1) $3\left(x + \frac{2}{3}\right)^2 - \frac{10}{3}$ (2) $\left(x + \frac{1}{2}\right)^2 + \frac{3}{4}$

> **定理 3.2（2 次方程式の解の公式）**
>
> $x \in \mathbb{C}$ を未知数とする 2 次方程式
> $$ax^2 + bx + c = 0 \quad (a, b, c \in \mathbb{R}, a \neq 0)$$
> の解は，$\qquad x = \dfrac{-b \pm \sqrt{b^2 - 4ac}}{2a}$

証明 この 2 次方程式の左辺を平方完成すれば，考えている 2 次方程式は

$$a\left(x + \frac{b}{2a}\right)^2 - \frac{b^2}{4a} + c = 0$$

となる．定数項を右辺に移項し，両辺に $4a\,(\neq 0)$ を掛けると

$$4a^2\left(x + \frac{b}{2a}\right)^2 = b^2 - 4ac$$

ここで，$4a^2 = (2a)^2$ であるから

$$
\begin{aligned}
(\text{左辺}) &= 4a^2\left(x + \frac{b}{2a}\right)^2 = (2a)^2\left(x + \frac{b}{2a}\right)^2 \\
&= \left(2a\left(x + \frac{b}{2a}\right)\right)^2 = (2ax + b)^2
\end{aligned}
$$

と変形できる．したがって，

$$(2ax + b)^2 = b^2 - 4ac$$

より $2ax + b = \pm\sqrt{b^2 - 4ac}$ であるから，整理すると

$$x = \frac{-b \pm \sqrt{b^2 - 4ac}}{2a}$$

が得られる． □

例 3.3 2 次方程式 $3x^2 + 6x - 2 = 0$ を解の公式を用いて解いてみよう．
解の公式において $a = 3$, $b = 6$, $c = -2$ を代入すると，

$$
\begin{aligned}
x &= \frac{-6 \pm \sqrt{6^2 - 4 \cdot 3 \cdot (-2)}}{2 \cdot 3} \\
&= \frac{-6 \pm \sqrt{60}}{6} = \frac{-6 \pm 2\sqrt{15}}{6} = \frac{-3 \pm \sqrt{15}}{3}
\end{aligned}
$$

練習 3.3 [7] 次の2次方程式を<u>解の公式を用いて</u>解きなさい.

(1) $x^2 + x - 1 = 0$ (2) $6x^2 - 2x - 1 = 0$

3.2.3 判別式と解の分類

2次方程式の解の公式

$$x = \frac{-b \pm \sqrt{b^2 - 4ac}}{2a}$$

をよくみると, 根号内の符号によって解の様子が変わりそうである. そこで, この根号の中の式を D とおいて **判別式** ということにする[8]. つまり, $D = b^2 - 4ac$ を2次方程式 $ax^2 + bx + c = 0$ の判別式と定義する.

定理 3.3 (2次方程式の判別式と解の分類)

$x \in \mathbb{C}$ を未知数とする2次方程式

$$ax^2 + bx + c = 0 \quad (a, b, c \in \mathbb{R}, a \neq 0)$$

の解は, 判別式

$$D = b^2 - 4ac$$

の符号によって以下のように分類できる.

(1) $D > 0$ のとき, 異なる2つの実数解が存在する.

(2) $D = 0$ のとき, ただ1つの実数解が存在する[9].

(3) $D < 0$ のとき, 異なる2つの虚数解が存在する[10].

この場合, もし $x \in \mathbb{R}$ ならば, 解は存在しない (**解なし** という).

証明 (1) $D > 0$ のとき, この2次方程式の解は

$$x = \frac{-b + \sqrt{b^2 - 4ac}}{2a} \quad \text{または} \quad \frac{-b - \sqrt{b^2 - 4ac}}{2a}$$

---

7) 答 (練習 **3.3**) (1) $x = \frac{-1 \pm \sqrt{5}}{2}$ (2) $x = \frac{1 \pm \sqrt{7}}{6}$

8) 記号 D は, 「判別式」を意味する英語 "discriminant" の頭文字が由来である.

9) <u>2次方程式は重複を含め解が2つ存在するので (p.63), この場合は同じ実数解が</u>2つ存在すると考えられる. このように, 重複する解のことを **重解** という.

10) 2次方程式の係数が実数であれば, 異なる2つの虚数解は「共役複素数」である.

のように 2 つ存在し，$D = b^2 - 4ac > 0$ より $\sqrt{b^2 - 4ac} \in \mathbb{R}$，$\sqrt{b^2 - 4ac} > 0$ であるから，これらの解は異なる 2 つの実数である．

(2) $D = 0$ のとき，この 2 次方程式の解は $x = -\dfrac{b}{2a}$ の 1 つしか存在しない．また，$a, b \in \mathbb{R}$，$a \neq 0$ よりこの解は実数である．

(3) $D < 0$ のとき，この 2 次方程式の解は

$$x = \frac{-b + \sqrt{b^2 - 4ac}}{2a} \quad \text{または} \quad \frac{-b - \sqrt{b^2 - 4ac}}{2a}$$

のように 2 つ存在するが，$D = b^2 - 4ac < 0$ より $\sqrt{b^2 - 4ac}$ は純虚数である．よって，これらの解は異なる 2 つの虚数で，互いに共役である． □

例 3.4 (1) 2 次方程式 $6x^2 - x - 1 = 0$ の解について調べてみよう．判別式 D は，$a = 6$，$b = -1$，$c = -1$ であるから

$$D = (-1)^2 - 4 \cdot 6 \cdot (-1) = 25 > 0$$

となり，この 2 次方程式は異なる 2 つの実数解をもつことがわかる．

では，実際にその解を求めてみよう．この 2 次方程式では，左辺が因数分解できるので，

$$(\text{左辺}) = 6x^2 - x - 1 = (2x - 1)(3x + 1)$$

と変形する．ここで，複素数の性質から，$z, w \in \mathbb{C}$ に対して

$$zw = 0 \quad \text{ならば} \quad \lceil z = 0 \quad \text{または} \quad w = 0 \rfloor$$

であり，また逆のことも成り立つので[11]，それを利用すると

$$(2x - 1)(3x + 1) = 0$$

より

$$2x - 1 = 0 \quad \text{または} \quad 3x + 1 = 0$$

が成り立つ．よって，この 2 次方程式の解は

$$x = \frac{1}{2} \quad \text{または} \quad x = -\frac{1}{3}$$

である．なお，今後は「または」の代わりにカンマを使用して，

$$x = \frac{1}{2}, -\frac{1}{3}$$

11) 実数の場合はよく知られているが，複素数でも成り立つ (第 2 章章末問題【B】4).

と表すことにする[12].

別解として, 解の公式を利用して解いてみよう. $a = 6$, $b = -1$, $c = -1$, $D = 25$ であるから, 以下のように求められる.

$$x = \frac{-(-1) \pm \sqrt{D}}{2 \cdot 6} = \frac{1 \pm \sqrt{25}}{12} = \frac{1 \pm 5}{12} = \frac{1}{2}, -\frac{1}{3}$$

(2) 2次方程式 $4x^2 + 4x + 1 = 0$ の解について調べてみよう. 判別式 D は, $a = 4$, $b = 4$, $c = 1$ であるから

$$D = 4^2 - 4 \cdot 4 \cdot (-1) = 16 - 16 = 0$$

となり, この2次方程式はただ1つの実数解 (重解) をもつことがわかる. このときの解は, (1) と同じように左辺が因数分解できるので,

$$(2x + 1)^2 = 0 \quad より \quad x = -\frac{1}{2}$$

である.

(3) 2次方程式 $x^2 + x + 1 = 0$ の解について調べてみよう. まず判別式 D は, $a = 1$, $b = 1$, $c = 1$ であるから,

$$D = 1^2 - 4 \cdot 1 \cdot 1 = -3 < 0$$

となり, この2次方程式は異なる2つの虚数解をもつことがわかる. では, 実際にその解を求めてみよう. この2次方程式では, (1) や (2) のように左辺を因数分解しようと思っても難しい. そこで解の公式を利用すると, $a = 1$, $b = 1$, $c = 1$, $D = -3$ であるから,

$$x = \frac{-1 \pm \sqrt{D}}{2 \cdot 1} = \frac{-1 \pm \sqrt{-3}}{2} = \frac{-1 \pm \sqrt{3}\, i}{2}$$

が得られる.

別解として, 左辺を平方完成して解いてみると,

$$\left(x + \frac{1}{2}\right)^2 - \frac{1}{4} + 1 = 0$$

であるから, $\left(x + \dfrac{1}{2}\right)^2 = \dfrac{-3}{4}$ より $x + \dfrac{1}{2} = \pm \dfrac{\sqrt{-3}}{2}$.

---

12) カンマは「かつ」の意味で使われることもあるが, このような方程式の解の場面では「または」の意味でカンマを用いるので注意すること.

したがって、 $$x = \frac{-1 \pm \sqrt{3}\,i}{2}$$ ∎

練習 3.4 [13]　次の 2 次方程式を解きなさい.

(1)　$x^2 + 6x + 8 = 0$　　　(2)　$x^2 + 6x + 9 = 0$

(3)　$x^2 + 6x + 10 = 0$　　　(4)　$7x^2 - 9x + 3 = 0$

3.2.4　$b = 2b'$ の場合

2 次方程式の x の係数 b が偶数のときは, 次のようにより簡単な解の公式と判別式が使える. 以下, 定理 3.2 と 定理 3.3 の b に $2\,b'$ を代入して考える.

定理 3.4 (2 次方程式の解の公式・判別式・分類 ($b = 2b'$ の場合))

$x \in \mathbb{C}$ を未知数とする 2 次方程式
$$ax^2 + 2\,b'\,x + c = 0 \quad \left(a,\, b',\, c \in \mathbb{R},\ a \neq 0 \right)$$

の解は
$$x = \frac{-\,b' \pm \sqrt{\left(b' \right)^2 - ac}}{a}$$

である. また, 解は判別式
$$D' = \left(b' \right)^2 - ac$$

の符号によって以下のように分類できる.

(1)　$D' > 0$ のとき, 異なる 2 つの実数解が存在する.

(2)　$D' = 0$ のとき, ただ 1 つの実数解が存在する.

(3)　$D' < 0$ のとき, 異なる 2 つの虚数解が存在する.

証明　定理 3.2 の解の公式において, $b = 2b'$ を代入して整理すると

$$x = \frac{-2b' \pm \sqrt{(2b')^2 - 4ac}}{2a} = \frac{-2b' \pm \sqrt{4\left((b')^2 - ac \right)}}{2a}$$

$$= \frac{-2b' \pm 2\sqrt{(b')^2 - ac}}{2a} = \frac{-b' \pm \sqrt{(b')^2 - ac}}{a}$$

[13)]　答 (練習 **3.4**)　(1) $x = -2,\, -4$　(2) $x = -3$　(3) $x = -3 \pm i$　(4) $x = \frac{9 \pm \sqrt{3}\,i}{14}$

のように得られる．また，定理 3.3 の判別式において，$b = 2b'$ を代入して整理すると

$$D = (2b')^2 - 4ac = 4\left((b')^2 - ac\right)$$

であるから，

$$D' = (b')^2 - ac$$

とおけば，$D' = \dfrac{D}{4}$ より定理 3.3 と同じ結論が得られる．　　　□

　解の公式の根号内は判別式そのものなので，解の公式を以下のように判別式とセットで覚えるとよい．

$x \in \mathbb{C}$ を未知数とする 2 次方程式

$$ax^2 + bx + c = 0 \quad (a, b, c \in \mathbb{R},\, a \neq 0)$$

の解は，　　　$x = \dfrac{-b \pm \sqrt{D}}{2a}, \quad D = b^2 - 4ac$

である．特に，$b = 2\,\boxed{b'}$ のときは

$$x = \frac{-\,\boxed{b'} \pm \sqrt{D'}}{a}, \quad D' = \left(\boxed{b'}\right)^2 - ac$$

例 3.5　例 3.3 で解いた 2 次方程式　$3x^2 + 6x - 2 = 0$　の x の係数 6 は $6 = 2 \cdot \boxed{3}$ より偶数であるから，定理 3.4 を用いて解いてみよう．解の公式において　$a = 3$，$\boxed{b' = 3}$，$c = -2$　を代入すると，

$$x = \frac{-\,\boxed{3} \pm \sqrt{\boxed{3}^2 - 3 \cdot (-2)}}{3} = \frac{-3 \pm \sqrt{15}}{3}$$

である．例 3.3 で約分していた箇所が省略できた．　　　■

練習 3.5 [14)]　次の 2 次方程式を解の公式を用いて解きなさい．

　(1) $6x^2 - 2x - 1 = 0$　　　(2) $4x^2 + 4x + 1 = 0$

[14)] 答 (**練習 3.5**)　(1) $x = \dfrac{1 \pm \sqrt{7}}{6}$　(2) $x = -\dfrac{1}{2}$

3.2.5 解と係数の関係

$x \in \mathbb{C}$ を未知数とする 2 次方程式

$$ax^2 + bx + c = 0 \quad (a, b, c \in \mathbb{R}, a \neq 0)$$

の 2 つの解と係数の間に, 次の関係が成り立つ.

定理 3.5 (2 次方程式の解と係数の関係)

$x \in \mathbb{C}$ を未知数とする 2 次方程式

$$ax^2 + bx + c = 0 \quad (a, b, c \in \mathbb{R}, a \neq 0)$$

の 2 つの解を α, β とするとき, 次の関係が成り立つ.

$$\alpha + \beta = -\frac{b}{a}, \qquad \alpha\beta = \frac{c}{a}$$

$\boxed{\text{証明}}$ 2 次方程式 $ax^2 + bx + c = 0$ の 2 つの解が α, β であるから, x^2 の係数が a であることに注意すると, この 2 次方程式は

$$a(x - \alpha)(x - \beta) = 0$$

と表せるはずである. この左辺を展開し, もとの 2 次方程式の左辺と係数を比較すると

$$ax^2 - a(\alpha + \beta)x + a\alpha\beta = ax^2 + bx + c$$

より $-a(\alpha + \beta) = b$, $a\alpha\beta = c$ がわかる. ここで, いずれも両辺を $a(\neq 0)$ で割ると関係式が得られる. □

例 3.6 2 次方程式

$$3x^2 - 2x + 1 = 0$$

の 2 つの解を α, β とするとき, 和 $\alpha + \beta$ と積 $\alpha\beta$ を求め, さらにそれらを利用して $\alpha^2 + \beta^2$, $(\alpha - \beta)^2$ の値を求めてみよう.

$a = 3$, $b = -2$, $c = 1$ であるから, 解と係数の関係 (定理 3.5) より

$$\alpha + \beta = -\frac{-2}{3} = \frac{2}{3}, \qquad \alpha\beta = \frac{1}{3}$$

である. また, $\alpha^2 + \beta^2$, $(\alpha - \beta)^2$ の値を求めるには, これらを $\alpha + \beta$ と $\alpha\beta$ で表して代入すればよい. $(\alpha + \beta)^2 = \alpha^2 + 2\alpha\beta + \beta^2$ であるから,

$$\alpha^2 + \beta^2 = (\alpha + \beta)^2 - 2\alpha\beta = \left(\frac{2}{3}\right)^2 - 2 \cdot \frac{1}{3} = -\frac{2}{9}$$

$$(\alpha - \beta)^2 = \alpha^2 - 2\alpha\beta + \beta^2 = \alpha^2 + 2\alpha\beta + \beta^2 - 4\alpha\beta$$

$$= (\alpha + \beta)^2 - 4\alpha\beta = \left(\frac{2}{3}\right)^2 - 4 \cdot \frac{1}{3} = -\frac{8}{9} \quad \blacksquare$$

注意 2つの解の和と積を求める際に, 解の公式を用いて

$$x = \frac{-(-1) \pm \sqrt{(-1)^2 - 3 \cdot 1}}{3} = \frac{1 \pm \sqrt{2}\, i}{3}$$

と具体的に2つの解を求めてから

$$\frac{1 + \sqrt{2}\, i}{3} + \frac{1 - \sqrt{2}\, i}{3} = \frac{2}{3},$$

$$\frac{1 + \sqrt{2}\, i}{3} \cdot \frac{1 - \sqrt{2}\, i}{3} = \frac{1 - 2i^2}{9} = \frac{1 + 2}{9} = \frac{1}{3}$$

と計算してもよいが, これは面倒である.

練習 3.6 [15]　2次方程式 $2x^2 - 4x - 3 = 0$ の2つの解を α, β とするとき, 和 $\alpha + \beta$ と積 $\alpha\beta$ を求めなさい. また, それらを利用して $\dfrac{1}{\alpha} + \dfrac{1}{\beta}$ の値を求めなさい.

3.3　因数定理と高次方程式

この節も未知数を複素数 $\mathbb{C}$ の範囲で考える. $x \in \mathbb{C}$ を未知数とする方程式のうち, 3次以上のものを **高次方程式** という. 高次方程式を解くうえで重要な定理が, 次の因数定理である.

定理 3.6 (剰余の定理と因数定理)

整式 $P(x)$ を1次式 $x - \alpha$ で割ったときの余りは $P(\alpha)$ である (**剰余の定理** という).

このことから, 整式 $P(x)$ が $x - \alpha$ で割り切れるならば $P(\alpha) = 0$ であり, 逆も成り立つ (**因数定理** という).

---

15)　答 (練習 **3.6**)　$\alpha + \beta = 2$, $\alpha\beta = -\frac{3}{2}$, $\frac{1}{\alpha} + \frac{1}{\beta} = -\frac{4}{3}$

証明 整式 $P(x)$ を $x - \alpha$ で割った商を $Q(x)$, 余りを R とすると[16],

$$P(x) = Q(x)(x - \alpha) + R$$

と表せる. ここで, $x = \alpha$ を代入すると

$$P(\alpha) = Q(\alpha)(\alpha - \alpha) + R = R$$

となるので, 剰余の定理が示された. また, $P(x)$ が $x - \alpha$ で割り切れるならば $R = P(\alpha) = 0$ となり, 逆に $R = P(\alpha) = 0$ であれば $P(x)$ は $x - \alpha$ で割り切れることになる.   □

例 3.7   3次方程式 $x^3 - 3x - 2 = 0$ を因数定理を利用して解いてみよう. まず, $P(x) = x^3 - 3x - 2$ とおき, $P(\alpha) = 0$ となるような α をみつける[17]. 例えば, $x = -1$ を代入すると

$$P(-1) = (-1)^3 - 3 \cdot (-1) - 2 = -1 + 3 - 2 = 0$$

であるから, $P(x)$ は $x + 1$ で割り切れることがわかった[18]. ここで, $P(x)$ を $x + 1$ で割り算する.

右の計算によって,

$$x^3 - 3x - 2 = (x^2 - x - 2)(x + 1)$$

である. ここで, さらに $x^2 - x - 2 = (x - 2)(x + 1)$ と因数分解することによって, もとの3次方程式は

$$(x - 2)(x + 1)^2 = 0$$

となる. よって, 求める解は $x = 2,\ -1$ である ($x = -1$ は重解).   ■

$$
\begin{array}{r}
x^2 - x - 2 \\
x+1\overline{\smash{)}\,x^3 \qquad\ -3x-2} \\
\underline{x^3 + x^2} \\
-x^2 - 3x \\
\underline{-x^2 - x} \\
-2x - 2 \\
\underline{-2x - 2} \\
0
\end{array}
$$

練習 3.7 [19]   3次方程式 $x^3 - 2x^2 - 5x + 6 = 0$ を解きなさい.

---

16) 1次式で割っているので, 余りはそれよりも次数の低い定数項となるから $R(x)$ ではなく R とした.

17) このような α をみつける候補として, $\pm\dfrac{\text{定数項の約数}}{\text{最高次数の係数の約数}}$ を考えるとよい.

18) $P(-1) = 0$ であるから $P(x)$ は $x - (-1)$, つまり $x + 1$ で割り切れる.

19) 答 (練習 3.7) $x = 1,\ 3,\ -2$

第 3 章　章末問題

【A】(答えは p.171)

1. 次の 2 次式を平方完成しなさい.

(1)　$3x^2 + 6x - 2$　　　(2)　$x^2 + x - 1$

(3)　$6x^2 - 2x - 1$　　　(4)　$7x^2 - 9x + 3$

2. $x \in \mathbb{C}$ を未知数とする次の 2 次方程式を解きなさい.

(1)　$x^2 - 2 = 0$　　　　　(2)　$x^2 + 2 = 0$

(3)　$2x^2 - 5x + 2 = 0$　　(4)　$2x^2 - 5x + 4 = 0$

(5)　$2x^2 - 5x = 0$　　　　(6)　$3x^2 + 4x - 2 = 0$

(7)　$3x^2 - 4x - 2 = 0$　　(8)　$x^2 + x + 1 = 0$

3. $x \in \mathbb{C}$ を未知数とする次の 2 次方程式の 2 つの解の和と積を求めなさい.

(1)　$2x^2 - 5x + 4 = 0$　　(2)　$3x^2 + 4x - 2 = 0$

(3)　$x^2 + x + 1 = 0$　　　(4)　$7x^2 + 9x + 3 = 0$

4. $x \in \mathbb{C}$ を未知数とする次の高次方程式を解きなさい.

(1)　$x^3 - x = 0$　　　　(2)　$x^3 - x^2 - 4x + 4 = 0$

(3)　$x^4 - 16 = 0$　　　(4)　$x^3 - 1 = 0$

【B】(答えは p.171)

1. 2 つの異なる実数があり, これらの和は $\dfrac{1}{6}$ で, 積は $-\dfrac{1}{6}$ である. これら 2 つの実数を求めなさい.

2. 2 次方程式 $6x^2 + 7x - 3 = 0$ の 2 つの解を α, β とするとき, $\dfrac{1}{\alpha}$, $\dfrac{1}{\beta}$ を 2 つの解とする 2 次方程式のうち, 係数がすべて整数のものを 1 つ求めなさい.

3. $x \in \mathbb{C}$ を未知数とする次の高次方程式を解きなさい.

(1)　$x^3 + 7x^2 + 16x + 12 = 0$　　(2)　$x^4 - 8x^3 + 15x^2 + 4x - 20 = 0$

(3)　$x^4 + x^3 - 3x^2 - 5x - 2 = 0$　　(4)　$x^4 - x^3 - 16x^2 + 4x + 48 = 0$

4

関　数

　この章では，まず関数の概念とグラフについて説明し，グラフの移動，いろいろ
な関数とそれらの逆関数について調べる．続いて，関数の極限や連続性について
解説する．

4.1　関数の概念とグラフ

　発芽してから 100 年後に生長が止まるまで，1 年間に 20 cm の割合でつね
に一定の速さで伸びる木があり，現時点での木の高さが 300 cm であるとする．
いまから x 年後の木の高さを y cm とすると，

$$
\begin{array}{ccccccc}
\ldots & -2 & \ldots & 0 & \ldots & \dfrac{1}{2} & \ldots & 1 & \ldots & \pi & \ldots & x\,[\text{年}] \\
 & \downarrow & & \downarrow & & \downarrow & & \downarrow & & \downarrow & & \downarrow \\
\ldots & 260 & \ldots & 300 & \ldots & 310 & \ldots & 320 & \ldots & 20\pi+300 & \ldots & y\,[\text{cm}]
\end{array}
$$

のようにある範囲内のすべての実数に対して，ある実数が 1 つずつ対応している
ことがわかる．
　このように，1 つの実数 x に対してある実数 y がただ 1 つ対応するような
関係を，**y は x の関数である**，あるいは，ただ単に **関数** といい，

$$
y = f(x)
$$

と表す[1]．冒頭の例のように，x と y の関係が具体的にわかれば

$$
y = f(x) = 20x + 300
$$

---

　1)　集合の表記と同じように，「y は x の関数である．」を英語にすると "y is a
function of x." であるから，y と f と x をこのままの順序で抜き出してあわせ
たものと考えればよい．なお，$f(x)$ は「エフ・エックス」と読むが，英語では f of x
あるいは function of x と "of" を入れて読む．

あるいは, ただ単に

$$y = 20x + 300$$

のように表すことができる.

また, 冒頭の例の x のように「対応するもと」のことを **独立変数**, y の
ように「対応した先」のことを **従属変数** といい, あわせて **変数** という. さらに,
独立変数の動く範囲を **定義域**, 従属変数の動く範囲を **値域** という. 冒頭の例
の場合は, 15 年前にさかのぼるとちょうど発芽するころであり, またこの木は
発芽してから 100 年で生長が止まるから, 定義域は

$$-15 \leq x \leq 85$$

である[2]. また, 対応する木の高さは 0 cm 以上であり, さらに一番高いときは
現時点から 85 年後の 2000 cm であるから[3], 値域は

$$0 \leq y \leq 2000$$

である[4].

独立変数が 1 つの関数を **1 変数関数**, 独立変数が 2 つの関数を **2 変数関数**
などといい, 特に独立変数が 2 つ以上の関数を **多変数関数** という. 独立変数が
x, y で, 従属変数が z の 2 変数関数は, 一般に

$$z = f(x, y)$$

と表すが, 例えば 1 個 100 円のリンゴを x 個, 1 個 50 円のミカンを y 個買った
ときの総額を z 円とすると, 具体的に

$$z = 100x + 50y$$

と表すことができる. この例では, リンゴとミカンを買う個数については独立,
つまり互いに影響を与えないので[5], x と y の 2 つが独立変数となり, これら
2 つの値に応じて変化する z が従属変数である.

ここで, 記号 $f(x)$ について考えてみよう. 先の脚注 1 のように, $f(x)$ を

---

2) 現時点で発芽から 15 年経過しているので, $100 - 15 = 85$ より, あと 85 年で
生長が止まる.

3) $x = \boxed{85}$ のとき, $y = 20 \times \boxed{85} + 300 = 2000$ である.

4) 定義域も値域も本来は集合 (あるいは区間) で表すべきであるが, ここでは範囲
のみを記すことにする. もしこの例の定義域を区間で表すとすれば $[-15, 85]$ である.

5) 「リンゴとミカンを合わせて 10 個買う」のような互いに影響を与える条件はない
ということである.

ただ「"function of x"の省略」ととらえるのではなく,「独立変数 x に対して $f(\ )$ を対応させたものが従属変数 y である」と考えると,対応関係が

$$x \longrightarrow y$$
$$f(\ )$$

となって,$y = f(x)$ の意味がより明確になる.よって,先ほどの例であれば

$$f(\ ) = 独立変数を 20 倍し,300 を加える$$

という意味になるが,$(\ )$ のままではわかりにくいので ▨ を用いると

$$f(▨) = ▨ を 20 倍し,300 を加える$$

と表せる.例えば,ここで ▨ $= 1$ とすれば

$$f(\boxed{1}) = \boxed{1} を 20 倍し,300 を加える$$
$$= 20 \times \boxed{1} + 300 = 320$$

より,$f(1) = 320$ という関係式が得られる.このように,$x = \boxed{1}$ のときの y の値を $f(\boxed{1})$ と表せるのが,$f(x)$ 表記の利点である.

　関数 $y = f(x)$ において,独立変数と従属変数の組 (x, y) すべてを xy 平面にかき表したものを **グラフ** という.**xy 平面** とは,横軸に x の目盛り(**x 軸** という)を,縦軸に y の目盛り(**y 軸** という)をもつ平面のことで,図 4.1 のように x, y ともに 0 の値をとるところで x 軸と y 軸は直交している.その交点を **原点** といい,O と表す[6].また,関数 $y = f(x)$ において,$x = 0$ のときの y の値を **y 切片**,$y = 0$ のときの x の値を **x 切片** という[7].y 切片は,$y = f(x)$ のグラフと y 軸(直線 $x = 0$)との交点における y の値を,x 切片は,$y = f(x)$ のグラフと x 軸(直線 $y = 0$)との交点における x の値をそれぞれ表している.

　例えば,$a, b \in \mathbb{R}$ に対して,平面上の 1 点 (a, b) は「$x = a$ かつ $y = b$」という 2 つの実数の組 (a, b) を表す.つまり,冒頭の例でいえば,独立変数と従属変数の組

$$\ldots,\ (-2, 260),\ \ldots,\ (0, 300),\ \ldots,\ (\pi, 20\pi + 300),\ \ldots$$

---

6)　「原点」を意味する英語 "origin" の頭文字が由来である.

7)　つまり,y 切片は $f(0)$ の値,x 切片は $f(x) = 0$ を満たす x の値である.

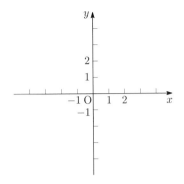 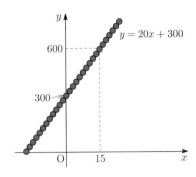

図 4.1 xy 平面　　　図 4.2 $y = 20x + 300$ のグラフのイメージ

をすべて xy 平面にかき表したものが, この関数 $y = 20x + 300$ のグラフである.

以下の図 4.3 に, 1 変数関数 $y = f(x)$ と 2 変数関数 $z = f(x, y)$ のグラフの例をあげる. 一般に, 1 変数関数のグラフは平面内の曲線 (直線を含む), 2 変数関数のグラフは (3 次元) 空間内の曲面 (平面を含む) となる.

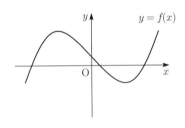 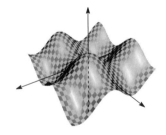

図 4.3 1 変数関数 (左) と 2 変数関数 (右) のグラフの例

例 4.1　(1) 最大で 20 分間しかお湯の出ない蛇口があり, その蛇口を使って最大容量が 300 リットルで, 現時点で何も入っていないバスタブにお湯を入れたい. その蛇口からは, 1 分あたり 10 リットルの割合で一定の速さでお湯が出るとき, x 分間お湯を入れたときのバスタブ内のお湯の量を y リットルとすると, y は x の関数であり,

$$y = 10x$$

と表せる. また, 定義域は x の動く範囲であり, 最大で 20 分間しかお湯が

出ないから

$$0 \leq x \leq 20$$

であり, 値域は x がこの定義域を動くときの y の動く範囲であるから

$$0 \leq y \leq 200$$

である[8].

(2) $x \in \mathbb{R}$ に対して, x を 2 倍して, さらに 1 を加えた実数を y とすると, y は x の関数であり,

$$y = 2x + 1$$

と表せる. x も y も, いずれもどの実数の値もとりうるので定義域はすべての実数 $\mathbb{R}$, 値域もすべての実数 $\mathbb{R}$ である.

(3) $n \in \mathbb{N}$ に対して, n を 2 倍して, さらに 1 を加えた実数を a_n とすると, a_n は n の関数であり,

$$a_n = 2n + 1$$

と表せる. 定義域は自然数全体 $\mathbb{N}$ であり, 値域は $\left\{\, 2n + 1 \mid n \in \mathbb{N} \,\right\}$ である. このことから, 数列も関数の 1 つであることがわかる. ∎

練習 4.1 [9]　次の状況を関数で表し, 定義域と値域を求めなさい.
「つねに時速 4 km で歩く人が x 時間 休まず歩いた距離を y km とする. ただし, その人は連続して 6 時間しか歩けないとする.」

4.2　グラフの移動

考えている関数のグラフを, 何かしら移動することによって「より考えやすい」状況にしたいことがある. 例えば, ある関数のグラフが, 原点からとても離れたところにあるとき, その「グラフの形状を変えずに」そのまま上下左右に移動して原点を通るようにできれば, 計算しやすくなるだろう. これは平行移動とよばれる移動であるが, 他にも x 軸対称, y 軸対称, 原点対称などの移動が

---

[8]　20 分間お湯を入れたときの湯量は 200 リットルであるから, 最大容量 300 リットルのバスタブからあふれ出ることはない.

[9]　**答 (練習 4.1)**　$y = 4x$, 定義域 $0 \leq x \leq 6$, 値域 $0 \leq y \leq 24$

あり，それらを本節で説明する．なお，より一般の対称移動や回転移動などについては，線形代数学で学習する[10]．

4.2.1 平行移動

関数のグラフを，x 軸方向と y 軸方向に「形を変えずに」移動することを **平行移動** という．本書では，x 軸の正方向に p，さらに y 軸の正方向に q だけ平行移動することを，**(p, q) 平行移動** と表記することにする．

定理 4.1 (平行移動)

関数 $y = f(x)$ のグラフを，(p, q) 平行移動したグラフの関数は

$$y = f(x - p) + q$$

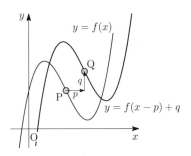

図 4.4 平行移動の様子

証明 $y = f(x)$ 上の 1 点を P (X, Y) とする．点 P は曲線 $y = f(x)$ 上にあるので，この式に $x = X$，$y = Y$ を代入した $Y = f(X)$ が成り立つ．一方，点 P (X, Y) を (p, q) 平行移動した点を Q (x, y) とすると，$x = X + p$，$y = Y + q$ の関係が成り立つ．これを $Y = f(X)$ に代入して整理すると $y = f(x - p) + q$ が得られる．これは点 Q の動きを表す関数である． $\square$

例 4.2 関数 $y = 2x^2 - 3x + 1$ のグラフを，$(1, -2)$ 平行移動したグラフの関数を求めよう．$f(x) = 2x^2 - 3x + 1$ とおくと，定理 4.1 より求める関数は $y = f(x - 1) - 2$ であるから，

$$y = \underbrace{2(x-1)^2 - 3(x-1) + 1}_{= f(x-1)} - 2$$

より，整理して $y = 2x^2 - 7x + 4$ を得る． ∎

注意 4.3 節で具体的な関数のグラフがかけるようになったら，本節の例や練習で扱った関数のグラフをかいて確かめてみよう．

---
10) 「線形代数」[14] 7.2 節，A.3 節参照．

練習 4.2 [11)　関数 $y = -x^2 + 2x + 3$ のグラフを，$(-1, 2)$ 平行移動したグラフの関数を求めなさい.

4.2.2　対 称 移 動

関数のグラフを，x 軸に対して折り返す移動を **x 軸対称移動**，y 軸に対して折り返す移動を **y 軸対称移動**，原点に対して折り返す移動を **原点対称移動** という.

定理 4.2 (対称移動)

関数 $y = f(x)$ のグラフを，
(1) x 軸対称移動したグラフの関数は　$y = -f(x)$
(2) y 軸対称移動したグラフの関数は　$y = f(-x)$
(3) 原点対称移動したグラフの関数は　$y = -f(-x)$

いずれも 定理 4.1 と同じように証明できるが，ここでは省略する. なお, 原点対称移動は，x 軸対称移動と y 軸対称移動の両方を行うことと同じである.

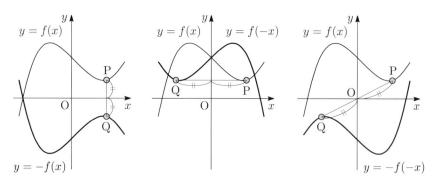

図 4.5　x 軸対称移動 (左), y 軸対称移動 (中), 原点対称移動 (右) の様子

例 4.3　関数 $y = 2x^2 - 3x + 1$ のグラフを，x 軸対称移動, y 軸対称移動, 原点対称移動したグラフの関数をそれぞれ求めよう. まず, $f(x) = 2x^2 - 3x + 1$

---

11)　答 (練習 4.2)　$y = -x^2 + 6$

とおく. $y = f(x)$ を x 軸対称移動したグラフの関数は, 定理 4.2 (1) より $y = -f(x)$ であるから,

$$y = - \underbrace{\left(2x^2 - 3x + 1 \right)}_{= f(x)}$$

より, 整理して $y = -2x^2 + 3x - 1$ を得る. また, $y = f(x)$ を y 軸対称移動したグラフの関数は, 定理 4.2 (2) より $y = f(-x)$ であるから,

$$y = \underbrace{2\left(-x \right)^2 - 3\left(-x \right) + 1}_{= f(-x)}$$

より, 整理して $y = 2x^2 + 3x + 1$ を得る. 最後に, $y = f(x)$ を原点対称移動したグラフの関数を求めると, 定理 4.2 (3) より $y = -f(-x)$ であるから,

$$y = - \underbrace{\left(2\left(-x \right)^2 - 3\left(-x \right) + 1 \right)}_{= f(-x)}$$

より, 整理して $y = -2x^2 - 3x - 1$ を得る. ■

練習 4.3 [12) 関数 $y = -x^2 + 2x + 3$ のグラフを, x 軸対称移動, y 軸対称移動, 原点対称移動したグラフの関数をそれぞれ求めなさい.

4.3 いろいろな関数

関数には, **べき関数** $y = ax^n$ や **定数関数** $y = a$, **1 次関数** $y = ax + b$, **2 次関数** $y = ax^2 + bx + c$ など多項式の形で表される **多項式関数**,

$$y = \frac{b}{x + a}, \qquad y = \frac{cx + d}{x^2 + ax + b}, \quad \cdots$$

のように多項式関数の分数形で表される **有理関数** (**分数関数** ともいう),

$$y = \sqrt{ax + b}, \qquad y = \sqrt{ax^2 + bx + c}, \quad \cdots$$

のように多項式関数の累乗根で表される **無理関数** の他にも, **三角関数** や **指数関数**, **対数関数** などがある. ここでは, べき関数, 定数関数, 1 次関数,

---

12) **答 (練習 4.3)** x 軸対称: $y = x^2 - 2x - 3$, y 軸対称: $y = -x^2 - 2x + 3$, 原点対称: $y = x^2 + 2x - 3$

2次関数について，また，有理関数と無理関数の簡単なものについて，それぞれ解説する．なお，三角関数については第5章で，指数関数と対数関数については第6章でそれぞれ紹介する．

4.3.1　べ き 関 数

$a \in \mathbb{R}$，$a \neq 0$，$n \in \mathbb{N}$　に対して，

$$y = ax^n$$

の関係が成り立つ x の関数 y を，x の **べき関数** という[13]．a の正負と，n の偶奇で様子が異なるので[14]，場合分けして調べてみよう．

(1) $a > 0$，n：偶数の場合，例えば，$y = x^2$，$y = x^4$，$y = 2x^2$，$y = \dfrac{1}{2}x^2$ の数表を作成し，グラフをかいてみると以下のようである．この場合，定義域は $\mathbb{R}$，値域は　$y \geq 0$　である．

x	-2	$-\frac{3}{2}$	-1	$-\frac{1}{2}$	0	$\frac{1}{2}$	1	$\frac{3}{2}$	2
$y = x^2$	4	$\frac{9}{4}$	1	$\frac{1}{4}$	0	$\frac{1}{4}$	1	$\frac{9}{4}$	4
$y = x^4$	16	$\frac{81}{16}$	1	$\frac{1}{16}$	0	$\frac{1}{16}$	1	$\frac{81}{16}$	16
$y = 2x^2$	8	$\frac{9}{2}$	2	$\frac{1}{2}$	0	$\frac{1}{2}$	2	$\frac{9}{2}$	8
$y = \frac{1}{2}x^2$	2	$\frac{9}{8}$	$\frac{1}{2}$	$\frac{1}{8}$	0	$\frac{1}{8}$	$\frac{1}{2}$	$\frac{9}{8}$	2

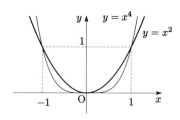 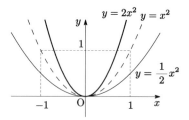

図 4.6　$y = x^2$，$y = x^4$，$y = 2x^2$，$y = \dfrac{1}{2}x^2$　のグラフ

(2) $a < 0$，n：偶数の場合，例えば，$y = -x^2$，$y = -x^4$，$y = -2x^2$，$y = -\dfrac{1}{2}x^2$ を考えてみよう．これらは，(1) で考察した関数1つ1つを $f(x)$

---

13)　n を実数として定義する場合もあるが，ここでは自然数に限定する．

14)　n が偶数か奇数かで様子が異なることは 1.3 節でもふれている．

とおくと, いずれも $-f(x)$ の形になっている. つまり, 定理 4.2 より, これらのグラフは (1) のグラフを x 軸対称移動したものである. この場合, 定義域は $\mathbb{R}$, 値域は $y \leq 0$ である.

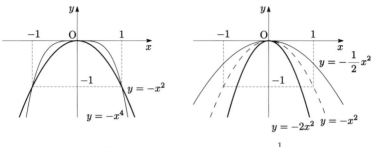

図 4.7 $y = -x^2$, $y = -x^4$, $y = -2x^2$, $y = -\dfrac{1}{2}x^2$ のグラフ

ここで, $f(x) = ax^n$ (n : 偶数) とおくと,

$$f(-x) \ = \ a(-x)^n \ = \ a \cdot \underbrace{(-1)^n}_{=1\,(\,n\,:\,偶数\,)} \cdot x^n \ = \ ax^n \ = \ f(x)$$

であるから, べき関数 $y = ax^n$ で指数 n が偶数の場合は, a の正負にかかわらず, グラフが y 軸対称であることがわかる.

グラフが y 軸対称であるような関数, つまり $y = f(x)$ において,

$$f(-x) \ = \ f(x)$$

を満たす関数を **偶関数** という.

(3) $a > 0$, n : 奇数の場合, 例えば, $y = x^3$, $y = x^5$, $y = 2x^3$, $y = \dfrac{1}{2}x^3$ の数表を作成し, グラフをかいてみると以下のようである (図 4.8). この場合, 定義域は $\mathbb{R}$, 値域は $\mathbb{R}$ である.

x	-2	$-\dfrac{3}{2}$	-1	$-\dfrac{1}{2}$	0	$\dfrac{1}{2}$	1	$\dfrac{3}{2}$	2
$y = x^3$	-8	$-\dfrac{27}{8}$	-1	$-\dfrac{1}{8}$	0	$\dfrac{1}{8}$	1	$\dfrac{27}{8}$	8
$y = x^5$	-32	$-\dfrac{243}{32}$	-1	$-\dfrac{1}{32}$	0	$\dfrac{1}{32}$	1	$\dfrac{243}{32}$	32
$y = 2x^3$	-16	$-\dfrac{27}{4}$	-2	$-\dfrac{1}{4}$	0	$\dfrac{1}{4}$	2	$\dfrac{27}{4}$	16
$y = \dfrac{1}{2}x^3$	-4	$-\dfrac{27}{16}$	$-\dfrac{1}{2}$	$-\dfrac{1}{16}$	0	$\dfrac{1}{16}$	$\dfrac{1}{2}$	$\dfrac{27}{16}$	4

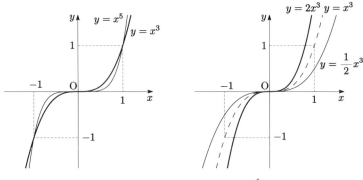

図 4.8　$y = x^3$, $y = x^5$, $y = 2x^3$, $y = \dfrac{1}{2}x^3$　のグラフ

(4) $a < 0$, n : 奇数の場合, 例えば, $y = -x^3$, $y = -x^5$, $y = -2x^3$, $y = -\dfrac{1}{2}x^3$ を考えてみよう. これらは, (3) で考察した関数 1 つ 1 つを $f(x)$ とおくと, いずれも $-f(x)$ の形になっている. つまり, 定理 4.2 より, これらのグラフは (3) のグラフを x 軸対称移動したものである[15] (図 4.9). この場合, 定義域は $\mathbb{R}$, 値域は $\mathbb{R}$ である.

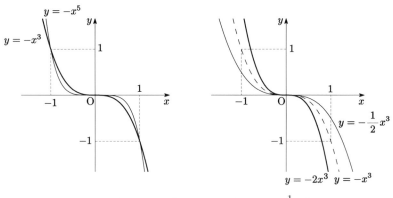

図 4.9　$y = -x^3$, $y = -x^5$, $y = -2x^3$, $y = -\dfrac{1}{2}x^3$　のグラフ

---

15)　この場合, じつは $f(-x)$ の形にもなっていて, y 軸対称移動と考えても結果は同じである.

ここで，$f(x) = ax^n$（n：奇数）とおくと，

$$f(-x) = a(-x)^n = a \cdot \underbrace{(-1)^n}_{=-1\,(n:奇数)} \cdot x^n = -ax^n = -f(x)$$

であるから，べき関数 $y = ax^n$ で指数 n が奇数の場合は，a の正負にかかわらず，グラフが原点対称であることがわかる[16]．

　グラフが原点対称であるような関数，つまり $y = f(x)$ において，

$$f(-x) = -f(x)$$

を満たす関数を **奇関数** という．

4.3.2　定 数 関 数

　$a \in \mathbb{R}$ に対して，

$$y = a$$

の関係が成り立つ x の関数 y を，x の **定数関数** という．式からわかるように，x がどのような値であっても，y の値はつねに a で一定である．例えば，携帯電話等の定額料金制度において，x 時間の利用料金を y 円とすると，定額料金期間中は y は x の定数関数となる．

　定数関数のグラフは，以下の数表のように x がどのような値であっても，y の値はつねに a で一定であるから，x 軸と平行な直線となる．この場合，定義域は $\mathbb{R}$，値域は $y = a$ である．

x	-2	-1	0	1	2
$y = a$	a	a	a	a	a

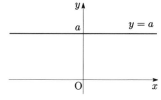

図 4.10　定数関数のグラフ

4.3.3　1 次 関 数

　$a, b \in \mathbb{R}$，$a \neq 0$ に対して，

$$y = ax + b$$

の関係が成り立つ x の関数 y を，x の **1次関数** という．例えば，4.1 節の冒頭で扱った関数 $y = 20x + 300$ は 1 次関数である．

---

[16]　$f(-x) = -f(x)$ のとき $y = f(x) = -f(-x)$ なので原点対称である．

1 次関数をグラフで表すと **直線** となる. 直線において,「x の増加量に対する y の増加量[17]」, つまり $\dfrac{y \text{ の増加量}}{x \text{ の増加量}}$ の値は一定であるから, この値を 1 次関数 (直線) の **傾き** という[18].

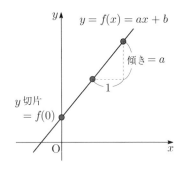

図 **4.11** 1 次関数 (直線) の傾きと y 切片

直線, つまり 1 次関数のグラフをかくには,「傾き」と「y 切片」がとても重要である.

ここで, 一般の 1 次関数 $y = f(x) = ax + b$ の傾きと y 切片を求めてみよう. 傾きは, x が 1 増えたときの y の増加量 のことでもあったから, まず $x = 0$ のときの y の値 $f(0)$ と[19], $x = 1$ のときの y の値 $f(1)$ をそれぞれ求めてみると,

$$f(\boxed{0}) = a \times \boxed{0} + b = b, \quad f(\boxed{1}) = a \times \boxed{1} + b = a + b$$

であるから, y の増加量は

$$f(1) - f(0) = (a + b) - b = a$$

より, 傾きは a である. y 切片は $x = 0$ のときの y の値 $f(0)$ であるが, これは傾きを求める途中で求めていて $f(0) = b$ である. 以上から, 1 次関数 $y = ax + b$ の傾きは a, y 切片は b であることがわかる.

$$y = \underbrace{\boxed{a}}_{\text{傾き}} x + \underbrace{\boxed{b}}_{y \text{ 切片}}$$

直線には 異なる 2 点を通る直線はただ 1 つしか存在しない という性質があるので, 1 次関数 $y = ax + b$ のグラフをかくには, 異なる 2 点 $(0, b)$ と $(1, a + b)$ を通る直線をかけばよい[20]. また, 傾きが正のとき, つまり $a > 0$ のときは x が増加すると y も増加するので「右上がり」の直線となるが, 傾きが

---

17)　減少すること, つまり増加量が負となることもある.

18)　つまり,「x が 1 増えたときの y の増加量」のことである.

19)　$f(0)$ は y 切片でもある !!

20)　もちろん, 他の異なる 2 点, 例えば $(0, b)$ と $\left(-\dfrac{b}{a}, 0\right)$ を通る直線でもよい.

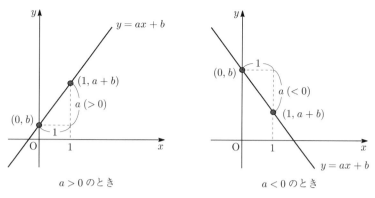

図 4.12　1 次関数のグラフ

負のとき, つまり $a < 0$ のときは x が増加すると y は減少するので「右下がり」の直線となる. なお, a の値によらずに, 定義域は $\mathbb{R}$, 値域は $\mathbb{R}$ である.

例 4.4　1 次関数　$y = 2x + 1$　の傾き, y 切片, 定義域, 値域を求め, そのグラフである直線をかいてみよう. $f(x) = 2x + 1$ とおくと,

$$f(0) = 2 \times 0 + 1 = 1,$$
$$f(1) = 2 \times 1 + 1 = 3$$

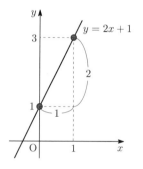

図 4.13　$y = 2x + 1$ のグラフ

であるから, この 1 次関数 $y = f(x)$ が表す直線は異なる 2 点 $(0, 1)$, $(1, 3)$ を通る. 傾きは, x が 1 増加したときの y の増加量のことだったから, $3 - 1 = 2$ より 2 である. また, y 切片は $x = 0$ のときの y の値, つまり $f(0)$ の値であったから 1 である. 定義域は $\mathbb{R}$, 値域は $\mathbb{R}$ で, グラフは先に求めた異なる 2 点 $(0, 1)$, $(1, 3)$ を直線で結べばよい (図 4.13). ■

練習 4.4 [21]　1 次関数　$y = -2x + 1$　の傾き, y 切片, 定義域, 値域を求め, グラフをかきなさい.

---

[21]　**答 (練習 4.4)**　傾き -2, y 切片 1, 定義域 $\mathbb{R}$, 値域 $\mathbb{R}$, グラフは巻末の略解 (p.171) に掲載.

4.3.4　2 次 関 数

a, b, $c \in \mathbb{R}$, $a \neq 0$ に対して,

$$y = ax^2 + bx + c$$

の関係が成り立つ x の関数 y を, x の **2 次関数** という. 2 次関数をグラフで表した曲線を **放物線** という[22]. 放物線は y 軸と平行な「ある直線」において線対称となっており, その直線を **軸** という. また, 放物線と軸の交点を **頂点**という.

まず簡単のため, $b = c = 0$ とした $y = ax^2$ のグラフを考える. これはすでに, べき関数で扱ったとおり, 以下のようなグラフとなる.

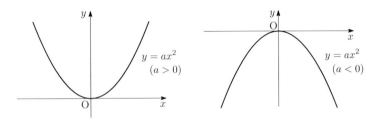

図 4.14　$y = ax^2$ のグラフ

$a > 0$ のとき, 定義域は $\mathbb{R}$, 値域は $y \geq 0$ であり, $a < 0$ のとき, 定義域は $\mathbb{R}$, 値域は $y \leq 0$ である. また, a の値にかかわらず, 軸は $x = 0$ (y 軸), 頂点は原点 O $(0,0)$ であることに注意しよう. $a > 0$ のときの放物線は **下に凸** であるといい, $a < 0$ のときの放物線は **上に凸** であるという.

続いて, 一般の 2 次関数

$$y = ax^2 + bx + c$$

を考えよう. このままではどのようなグラフかわからないので, 定理 3.1 (p.64)より右辺を平方完成して整理すると[23],

$$y = a\left(x + \frac{b}{2a}\right)^2 - \frac{b^2}{4a} + c = a\left(x - \frac{-b}{2a}\right)^2 + \left(c - \frac{b^2}{4a}\right)$$

---

22)　放物線とは字のごとく「物を放ったときにえがく線」であるが, 実際には地球上で物を放っても空気抵抗があり, 放物線をえがかない.

23)　ここでは括弧の中の括弧を避けるために $\frac{-b}{2a}$ と表記したが, $\frac{-b}{2a} = -\frac{b}{2a}$ である.

である. これは定理4.1 (p.81) より, $y = ax^2$ のグラフを $\left(\underbrace{-\dfrac{b}{2a}}_{p} , \underbrace{c - \dfrac{b^2}{4a}}_{q} \right)$

平行移動したグラフを表していることがわかる[24] (図 4.15).

したがって, $y = ax^2 + bx + c$ の軸は $x = -\dfrac{b}{2a}$ で, 頂点の座標は

$\left(-\dfrac{b}{2a} , c - \dfrac{b^2}{4a} \right)$ である. グラフをかくときには, これら軸と頂点の座標

をもとに, $y = ax^2$ と同じ形の放物線をかけばよい[25]. なお, 定義域は変わら

ないが, 値域は変わるので注意しよう.

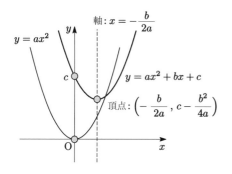

図 4.15　$y = ax^2 + bx + c$ のグラフ　　　図 4.16　$y = -x^2 + 2x$ のグラフ

例 4.5　2次関数 $y = -x^2 + 2x$ の軸, 頂点の座標, 定義域, 値域を求め,
そのグラフである放物線をかいてみよう. 右辺を平方完成して整理すると,

$$-x^2 + 2x = -(x^2 - 2x)$$
$$= -\left\{ (x - 1)^2 - 1 \right\} = -(x - 1)^2 + 1$$

であるから, この2次関数が表す放物線は, $y = -x^2$ のグラフを $(1 , 1)$ 平行
移動したグラフである. したがって, この放物線の軸は $x = 1$, 頂点の座標は
$(1 , 1)$ で, 定義域は $\mathbb{R}$, 値域は $y \leq 1$ である[26] (図 4.16).　　　　■

---

24)　$f(x) = ax^2$ とおくと, $f\left(x - \frac{-b}{2a}\right) + \left(c - \frac{b^2}{4a}\right) = ax^2 + bx + c$ である.

25)　グラフをかくときは y 切片も意識しよう. y 切片は $x = 0$ のときの y の値
なので, いまの場合 $y = 0 + 0 + c = c$ である.

26)　y 切片は 0 であるから, このグラフは原点を通ることに注意.

> **練習 4.5** [27]　2 次関数　$y = 2x^2 + 4x + 1$　の軸, 頂点の座標, 定義域,
> 値域を求め, グラフをかきなさい.

4.3.5　有理関数 (分数関数)

$f(x)$, $g(x)$ を多項式関数とする.　$g(x) \neq 0$　のとき,

$$y = \frac{f(x)}{g(x)}$$

の関係が成り立つ x の関数 y を,　x の **有理関数** あるいは **分数関数** という.

有理関数をグラフで表すと **曲線** となる. 一般の有理関数のグラフをかくには
微分の知識が必要になるが, ここでは微分を使わずにグラフがかける

$$y = \frac{k}{x} \quad (k \neq 0)$$

の形に限定して考える [28]. 例えば, $y = \dfrac{1}{x}$, $y = \dfrac{2}{x}$, $y = -\dfrac{1}{x}$, $y = -\dfrac{2}{x}$
の数表を作成し, グラフをかいてみると図 4.17 のようである.

x	-2	$-\frac{3}{2}$	-1	$-\frac{1}{2}$	0	$\frac{1}{2}$	1	$\frac{3}{2}$	2
$y = \frac{1}{x}$	$-\frac{1}{2}$	$-\frac{2}{3}$	-1	-2	$\times$	2	1	$\frac{2}{3}$	$\frac{1}{2}$
$y = \frac{2}{x}$	-1	$-\frac{4}{3}$	-2	-4	$\times$	4	2	$\frac{4}{3}$	1
$y = -\frac{1}{x}$	$\frac{1}{2}$	$\frac{2}{3}$	1	2	$\times$	-2	-1	$-\frac{2}{3}$	$-\frac{1}{2}$
$y = -\frac{2}{x}$	1	$\frac{4}{3}$	2	4	$\times$	-4	-2	$-\frac{4}{3}$	-1

このとき, $y = \dfrac{k}{x}$ のグラフは, k の値にかかわらず 2 つの直線 $x = 0$ (y 軸),
$y = 0$ (x 軸) とは決して交わらない. このような直線を **漸近線** という. また,
定義域は $x \neq 0$, 値域は $y \neq 0$ である.

---

27)　**答 (練習 4.5)**　軸 $x = -1$, 頂点の座標 $(-1, -1)$, 定義域 $\mathbb{R}$, 値域 $y \geq -1$,
グラフは巻末の略解 (p.172) に掲載.

28)　明記していないが, 分母が 0 となる x は定義域から除外するものとする.

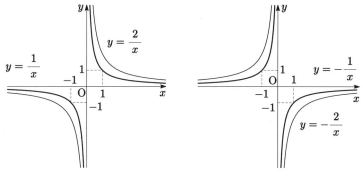

図 4.17　有理関数のグラフ

　次に, 有理関数　$y = \dfrac{k}{x}$　のグラフを (p, q) 平行移動したグラフを考えよう.
このグラフの漸近線は　$x = p$, $y = q$　であり, 関数は　$f(x) = \dfrac{k}{x}$　とおくと,
定理 4.1 (p.81) より　$f(x-p)+q = \dfrac{k}{x - p}+q$　であるから, $y = \dfrac{k}{x - p}+q$
となる. また, 定義域は $x \neq p$, 値域は $y \neq q$ である (図 4.18).
　なお, 分母と分子がそれぞれ 1 次式の有理関数

$$y = \frac{cx + d}{ax + b} \quad (a, b, c, d \in \mathbb{R}, \ a \neq 0)$$

は, 次のように式変形すれば　$y = \dfrac{k}{x}$　を平行移動したものであることがわかる.

$$\frac{cx + d}{ax + b} = \frac{\dfrac{c}{a}x + \dfrac{d}{a}}{x + \dfrac{b}{a}}$$

$$= \frac{\dfrac{c}{a}\left(x + \dfrac{b}{a}\right) + \dfrac{ad - bc}{a^2}}{x + \dfrac{b}{a}} = \frac{\overbrace{\dfrac{ad - bc}{a^2}}^{k}}{x - \underbrace{\dfrac{-b}{a}}_{p}} + \underbrace{\dfrac{c}{a}}_{q}$$

　変形のポイントは, 分母の x の係数を 1 にし, 分子に分母の式を無理やり
つくって分解することである.

　例 4.6　有理関数　$y = \dfrac{x - 2}{x - 1}$　の漸近線, 定義域, 値域を求め, グラフを
かいてみよう. 右辺を変形すると,

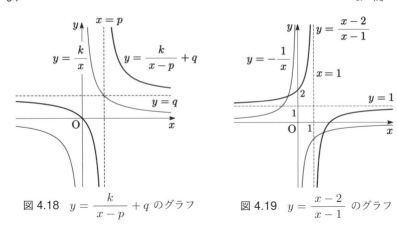

図 4.18　$y = \dfrac{k}{x-p} + q$ のグラフ　　図 4.19　$y = \dfrac{x-2}{x-1}$ のグラフ

$$\frac{x-2}{x-1} = \frac{\boxed{x-1}\ -1}{\boxed{x-1}} = \frac{-1}{x-1} + \boxed{1}$$

であるから, この有理関数が表す曲線は, $y = -\dfrac{1}{x}$ のグラフを $(1,1)$ 平行移動したグラフである. したがって, この曲線の漸近線は $x = 1$, $y = 1$ で, 定義域は $x \neq 1$, 値域は $y \neq 1$ である[29] (図 4.19).　■

> **練習 4.6** [30]　有理関数　$y = \dfrac{3-x}{x-2}$　の漸近線, 定義域, 値域を求め, グラフをかきなさい.

4.3.6　無 理 関 数

$f(x)$ を多項式関数とする. $n \in \mathbb{N}$, $n \geq 2$ に対して,

$$y = \sqrt[n]{f(x)}$$

の関係が成り立つ x の関数 y を, x の **無理関数** という.

　無理関数をグラフで表すと **曲線** となる. 一般の無理関数のグラフをかくには 微分の知識が必要になるが, ここでは微分を使わずにグラフがかける

---

29)　y 切片は 2 である.

30)　**答 (練習 4.6)**　漸近線 $x = 2$, $y = -1$, 定義域 $x \neq 2$, 値域 $y \neq -1$, グラフ は巻末の略解 (p.172) に掲載.

$$y = \sqrt{ax} \quad (a \neq 0)$$

の形に限定して考える[31]. 例えば, $y = \sqrt{x}$, $y = \sqrt{2x}$, $y = \sqrt{-x}$, $y = \sqrt{-2x}$ の数表を作成し, グラフをかいてみると図 4.20 のようである.

x	-2	-1	$-\frac{1}{2}$	0	$\frac{1}{2}$	1	2
$y = \sqrt{x}$	×	×	×	0	$\frac{\sqrt{2}}{2}$	1	$\sqrt{2}$
$y = \sqrt{2x}$	×	×	×	0	1	$\sqrt{2}$	2
$y = \sqrt{-x}$	$\sqrt{2}$	1	$\frac{\sqrt{2}}{2}$	0	×	×	×
$y = \sqrt{-2x}$	2	$\sqrt{2}$	1	0	×	×	×

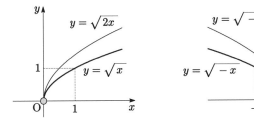

図 4.20 無理関数のグラフ

なお, 表中の無理数の値は, 小数第 2 位を四捨五入した近似値 $\sqrt{2} \approx 1.4$ を用いると[32], $\frac{\sqrt{2}}{2} \approx 0.7$ である. また, $a > 0$ のとき定義域は $x \geq 0$, 値域は $y \geq 0$ で, $a < 0$ のとき定義域は $x \leq 0$, 値域は $y \geq 0$ である[33].

次に, 無理関数 $y = \sqrt{ax}$ のグラフを (p, q) 平行移動したグラフを考えよう. $f(x) = \sqrt{ax}$ とおくと, 定理 4.1 より $f(x-p)+q = \sqrt{a(x-p)}+q$ であるから, 関数は $y = \sqrt{a(x-p)}+q$ となる. また, $a > 0$ のとき定義域は $x \geq p$, 値域は $y \geq q$ で, $a < 0$ のとき定義域は $x \leq p$, 値域は $y \geq q$ である (図 4.21).

さらに, $f(x) = \sqrt{ax}$ に対して $-f(x) = -\sqrt{ax}$ であるから, 無理関数 $y = -\sqrt{ax}$ のグラフは, 定理 4.2 (p.82) より $y = \sqrt{ax}$ のグラフを x 軸

---

31) 明記していないが, 根号内が負となる x は定義域から除外するものとする.

32) 記号 $\approx$ は「おおよそ」の意味である.

33) グラフ内の ◎ は, その点における関数の値が存在していることを表す.

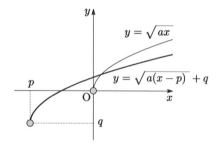

図 4.21 $y = \sqrt{a(x-p)} + q$ のグラフ

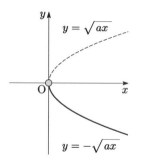

図 4.22 $y = -\sqrt{ax}$ のグラフ

対称移動したものとなる (図 4.22).

例 4.7 無理関数 $y = \sqrt{2x+4} - 1$ の定義域, 値域を求め, グラフをかいてみよう. 右辺を変形すると,

$$\sqrt{2x+4} - 1 = \sqrt{2(x+2)} - 1$$

であるから, この無理関数が表す曲線は, $y = \sqrt{2x}$ のグラフを $(-2, -1)$ 平行移動したグラフである. したがって, この関数の定義域は $x \geq -2$, 値域は $y \geq -1$ である[34] (図 4.23).

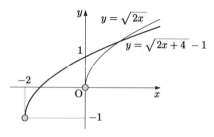

図 4.23 $y = \sqrt{2x+4} - 1$ の
グラフ

練習 4.7 [35] 無理関数 $y = \sqrt{-2x+2} + 1$ の定義域, 値域を求め, グラフをかきなさい.

4.4 逆 関 数

この節では逆関数について説明するが, そのためには単調な関数という概念が必要なので, まずはそれを説明する.

前節ではいろいろな関数を扱ってきたが, 関数によって x の増加に応じた y の増加減少は異なっている. 例えば, 無理関数 $y = \sqrt{x}$ は, 定義域 $x \geq 0$

---

34)　y 切片は 1 である.

35)　**答 (練習 4.7)**　定義域 $x \leq 1$, 値域 $y \geq 1$, グラフは巻末の略解 (p.172) に掲載.

のどの x に対しても，x が増加すると y も増加するが，2次関数 $y = x^2$ において定義域を $x \leq 0$ に制限すれば，x が増加すると y は減少する（図 4.24）．2次関数 $y = x^2$ において定義域を $\mathbb{R}$ とすれば，x が増加すると y は増加もするし減少もする．

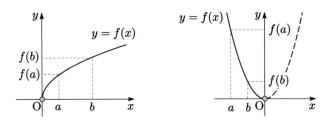

図 4.24　単調な関数のグラフの例
（左：$f(x) = \sqrt{x}$，　右：$f(x) = x^2 \ (x \leq 0)$）

　一般に，関数 $y = f(x)$ の定義域内のある区間 I のすべての元 a, b に対して，

$$a < b \quad \Rightarrow \quad f(a) < f(b)$$

が成り立つとき，関数 $f(x)$ は区間 I で **単調増加** あるいは **狭義単調増加** という[36]．また，

$$a < b \quad \Rightarrow \quad f(a) > f(b)$$

が成り立つとき，関数 $f(x)$ は区間 I で **単調減少** あるいは **狭義単調減少** という．単調増加あるいは単調減少であるような関数のことを **単調な関数** という．

　では，逆関数について考えてみよう．具体的に，本章の冒頭で考えた関数

$$y = 20x + 300$$

の状況を，逆の視点で考えてみよう．

発芽してから高さが $2000\,\mathrm{cm}$ になるまで，1年間に $20\,\mathrm{cm}$ の割合でつねに一定の速さで伸びる木があり，現時点での木の高さが $300\,\mathrm{cm}$ である．

---

[36]　f の大小関係に等号が含まれていないことに注意．等号を含むときを **広義単調増加** といい，これを単調増加という場合もある．単調減少も同様．

この木の高さが y cm となるのが, いまから x 年後とすると, この場合も
ある範囲内のすべての実数に対して, ある実数が 1 つずつ対応し,

$$x = \frac{y - 300}{20} = \frac{1}{20}y - 15$$

と表されることがわかる. つまり, x は y の関数となっている. また, この
関数の定義域は $0 \le y \le 2000$, 値域は $-15 \le x \le 85$ である[37].

... 260	... 300	... 310	... 320	... $20\pi + 300$	... y [cm]
↓	↓	↓	↓	↓	↓
... -2	... 0	... $\frac{1}{2}$	... 1	... π	... x [年]

数学では, 1 変数関数を表すときに独立変数を x, 従属変数を y で表すこと
が多いため, この逆の対応が表す関数を書き換えると[38]

$$y = \frac{1}{20}x - 15$$

と表され, 定義域は $0 \le x \le 2000$, 値域は $-15 \le y \le 85$ である. この
ように, ある関数に対して, 逆の対応もまた関数となるとき, それをもとの関数
の **逆関数** という. 特に, もとの関数を $y = f(x)$ とするとき, その逆関数を

$$y = f^{-1}(x)$$

と表す[39]. つまり, 上の例では, もとの関数を

$y = f(x) = 20x + 300$ とすると, 逆関数は $y = f^{-1}(x) = \dfrac{1}{20}x - 15$

である. $y = 20x + 300$ $\Leftrightarrow$ $x = \dfrac{1}{20}y - 15$ であるから,

$$y = f^{-1}(x) \quad \Leftrightarrow \quad x = f(y)$$

の関係に注意しよう. また, 逆関数の定義域は「もとの関数の値域」に, 逆関
数の値域は「もとの関数の定義域」になっていることにも注意しよう[40].

---

37) この場合, 独立変数が y, 従属変数が x であることに注意.

38) つまり, x と y を入れ替えればよい.

39) $f^{-1}(x)$ は「エフ・インバース・エックス」と読む. インバース (inverse) とは
「逆」を意味する英語である. なお, 英語では inverse function of x と読む.

40) 変数 x と y も入れ替わっていることに注意.

　与えられた関数について，その逆の対応は必ずしも関数になるとは限らない．関数の定義は，4.1 節で紹介したとおり「1 つの実数に対して，ある実数がただ 1 つ対応するような関係」のことであるから，1 つの実数に対して 2 つ以上の実数が対応する場合は関数とはいわない[41]．例えば，2 次関数 $y = x^2$ を考えよう．

$$
\begin{array}{cccccccccccc}
\ldots & -2 & \ldots & -1 & \ldots & 0 & \ldots & 1 & \ldots & 2 & \ldots & x \\
& \downarrow & & \downarrow & & \downarrow & & \downarrow & & \downarrow & & \downarrow \\
\ldots & 4 & \ldots & 1 & \ldots & 0 & \ldots & 1 & \ldots & 4 & \ldots & y
\end{array}
$$

この逆の対応は

$$
\begin{array}{cccccccccccc}
\ldots & -2 & \ldots & -1 & \ldots & 0 & \ldots & 1 & \ldots & 2 & \ldots & y \\
& \downarrow & & \downarrow & & \downarrow & & \downarrow & & \downarrow & & \downarrow \\
\ldots & \times & \ldots & \times & \ldots & 0 & \ldots & 1, -1 & \ldots & \sqrt{2}, -\sqrt{2} & \ldots & x
\end{array}
$$

のように，$y < 0$ については対応する x が存在しないし，$y > 0$ については対応する x が 2 つ存在する．このような場合は関数とはいわない．ただし，もとの関数の定義域を制限することにより，その逆の対応が関数になることもある．この例の場合，$y = x^2 \ (x \geq 0)$ のように定義域を制限してみると，

$$
\begin{array}{cccccccccccc}
0 & \ldots & 1 & \ldots & 2 & \ldots & 3 & \ldots & 4 & \ldots & x \\
\downarrow & & \downarrow & & \downarrow & & \downarrow & & \downarrow & & \downarrow \\
0 & \ldots & 1 & \ldots & 4 & \ldots & 9 & \ldots & 16 & \ldots & y
\end{array}
$$

となる．このとき，逆の対応は

$$
\begin{array}{cccccccccccc}
0 & \ldots & 1 & \ldots & 2 & \ldots & 3 & \ldots & 4 & \ldots & y \\
\downarrow & & \downarrow & & \downarrow & & \downarrow & & \downarrow & & \downarrow \\
0 & \ldots & 1 & \ldots & \sqrt{2} & \ldots & \sqrt{3} & \ldots & 2 & \ldots & x
\end{array}
$$

のように，この定義域内のすべての実数に対して，ある実数が 1 つずつ対応しているので関数になっている．このように，逆の対応が関数になるためには，もとの関数が「単調な関数」であればよい．以後，逆関数を考えるときは単調な関数に限定するが，もし単調な関数でないときは，単調増加あるいは単調減少となるように定義域を制限して，その範囲で考えればよい．

　最後に，与えられた関数の逆関数を求める方法を紹介する．

---

41)　ただし，より高度なレベルではこのような場合を **多価関数** として扱うこともある．

┌─ **逆関数の求め方** ─────────────────────────

関数 $y = f(x)$ の定義域を D, 値域を R とする[42)].

(1) $y = f(x)$ が D で単調な関数であれば (2) へ.
   単調な関数でない場合は, 単調な関数になるように定義域を制限する.
   この制限した定義域を D' とし, それに対応する値域を R' とする
   ($D' \subset D$, $R' \subset R$ に注意).

(2) $y = f(x)$ を $x = (y \text{ の式})$ に変形する.

(3) (2) で変形した式において, x と y を入れ替えたものが求める逆関数
   である. なお, この式の右辺 (x の式) が $f^{-1}(x)$ である.

(4) $y = f(x)$ の値域 R (定義域を制限している場合は R') の y を x に
   したものが, 逆関数の定義域である.

(5) $y = f(x)$ の定義域 D (定義域を制限している場合は D') の x を y
   にしたものが, 逆関数の値域である.

───

例 4.8　2 次関数 $y = -2x^2 - 4x - 1$ の逆関数を求めよう. まずは平方
完成して, この関数の定義域と値域を求める.

$$-2x^2 - 4x - 1 = -2(x^2 + 2x) - 1$$
$$= -2\{(x+1)^2 - 1\} - 1 = -2(x+1)^2 + 1$$

より, この関数は 2 次関数 $y = -2x^2$ を $(-1, 1)$ 平行移動したものである
から, 定義域は $\mathbb{R}$, 値域は $y \leq 1$ である. また, この関数は $x \leq -1$ のとき
単調増加で, $x \geq -1$ のとき単調減少である.

まずは, 定義域を $\boxed{x \leq -1}$ に制限
して考えよう. このとき, 対応する
値域は $\boxed{y \leq 1}$ である. この関数を
$x = (y \text{ の式})$ に変形しよう. 先ほど
の平方完成した式 $y = -2(x+1)^2 + 1$
を用いると,

$$(x+1)^2 = \frac{1-y}{2}$$

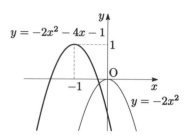

図 4.25　$y = -2x^2 - 4x - 1$ のグラフ

─────────────────────

42)　「定義域」を意味する英語 "domain" と, 「値域」を意味する英語 "range" の
頭文字を用いている.

である．ここで，定義域 $\boxed{x+1 \leq 0}$ に注意して平方根をとると，$x + 1 = -\sqrt{\dfrac{1-y}{2}}$ であるから，整理すると $x = -\sqrt{-\dfrac{1}{2}(y-1)} - 1$ となる[43]．この式の x と y を入れ替えた $y = -\sqrt{-\dfrac{1}{2}(x-1)} - 1$ が求める逆関数である．この逆関数の定義域は，もとの関数の値域の y を x にした $\boxed{x \leq 1}$ で，逆関数の値域は，もとの関数の定義域の x を y にした $\boxed{y \leq -1}$ である．この逆関数のグラフは，無理関数 $y = \sqrt{-\dfrac{1}{2}x}$ のグラフを x 軸対称移動し，さらに $(1, -1)$ 平行移動したものである．

　今度は，定義域を $\boxed{x \geq -1}$ に制限した場合を考える．このとき，対応する値域は $\boxed{y \leq 1}$ である．この関数を $x = (y \text{の式})$ に変形しよう．先ほどと同じように，定義域 $\boxed{x+1 \geq 0}$ に注意して計算すると，$x = +\sqrt{-\dfrac{1}{2}(y-1)} - 1$ となる．ここで，x と y を入れ替えると $y = \sqrt{-\dfrac{1}{2}(x-1)} - 1$ が求める逆関数である．この逆関数の定義域は，もとの関数の値域の y を x にした $\boxed{x \leq 1}$ で，逆関数の値域は，もとの関数の定義域の x を y にした $\boxed{y \geq -1}$

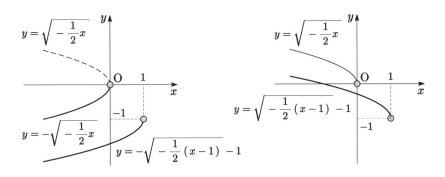

図 4.26　$y = -\sqrt{-\dfrac{1}{2}(x-1)} - 1$ のグラフ (左) と
$y = \sqrt{-\dfrac{1}{2}(x-1)} - 1$ (右) のグラフ

---

43)　$y = -2x^2 - 4x - 1$ を x の2次方程式 $2x^2 + 4x + y + 1 = 0$ とみて，解の公式から $x = \dfrac{-2 \pm \sqrt{(-2)^2 - 2(y+1)}}{2} = -1 \pm \sqrt{\dfrac{-y+1}{2}}$ としてもよい．

である. この逆関数のグラフは, 無理関数 $y = \sqrt{-\dfrac{1}{2}\,x}$ のグラフを $(1, -1)$ 平行移動したものである.   ■

注意 逆関数のグラフは, もとの関数のグラフを直線 $y = x$ に関して対称移動した
ものと一致する. これは, 平面上の点 (a, b) を直線 $y = x$ に関して対称移動すると, 点 (b, a) に移ることと, $y = f(x)$ の逆関数 $y = f^{-1}(x)$ は $x = f(y)$ を満たすことからいえる[44]. 例 4.8 の前半の $y = f(x) = -2x^2 - 4x - 1$ $(x \leq -1)$ と $y = f^{-1}(x) = -\sqrt{-\dfrac{1}{2}\,(x-1)} - 1$ $(x \leq 1)$ のグラフを同じ xy 平面上にかくと, 右図のようである. もとの関数と逆関数との交点は, 対称軸となる直線 $y = x$ 上にあることに注意しよう.

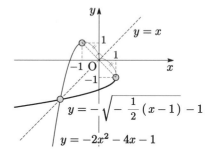

図 4.27 もとの関数と逆関数のグラフ

練習 4.8 [45)] 2 次関数 $y = x^2 - 4x + 3$ の逆関数を求め, その定義域, 値域を明記し, グラフをかきなさい. 必要に応じて, 逆関数が存在するように定義域を制限すること.

4.5 関数の極限

有理関数 $y = \dfrac{x^2 - 1}{x - 1}$ を考えてみよう. この関数の定義域は, 分母が 0 となるような x を除外した $x \neq 1$ であるが[46)], もし x を定義域内で限りなく 1 に近づけたとき, y はどの値に限りなく近づくだろうか?

---

44) $x = f(y)$ は $y = f(x)$ の x と y を入れ替えたものなので, まさに直線 $y = x$ に関して対称移動したものとなっている.

45) 答 (練習 4.8) もとの関数の定義域を $x \leq 2$ に制限した場合, 逆関数 $y = -\sqrt{x+1} + 2$, 定義域 $x \geq -1$, 値域 $y \leq 2$. もとの関数の定義域を $x \geq 2$ に制限した場合, 逆関数 $y = \sqrt{x+1} + 2$, 定義域 $x \geq -1$, 値域 $y \geq 2$. いずれのグラフも巻末の略解 (p.172) に掲載.

46) $x = 1$ を代入すると $y = \dfrac{0}{0}$ となるので, $x = 1$ のときの y の値は存在しない.

まず，次のように考えてみよう．この関数は $x \neq 1$ で定義されているから，

$$y = \frac{x^2 - 1}{x - 1} = \frac{(x+1)(x-1)}{x-1} = x + 1 \quad (x \neq 1)$$

のように変形できる．つまり，

$$y = \frac{x^2 - 1}{x - 1} \quad \Leftrightarrow \quad y = x + 1 \quad (x \neq 1)$$

であるから，この関数は 傾きが 1，y 切片が 1 の直線 $y = x + 1$ において $x = 1$ のところだけ穴の開いたようなグラフとなる[47] (図 4.28)．このとき，$x = 1$ の近くの x に対して x の値を徐々に 1 に近づけていくと，y の値は 2 に近づくことがわかる．

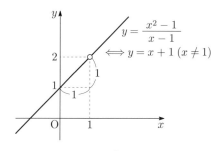

図 4.28 $y = \dfrac{x^2 - 1}{x - 1}$ のグラフ

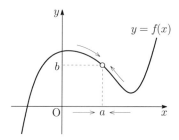

図 4.29 関数の極限のイメージ

　一般に，関数 $y = f(x)$ において，変数 x をある定数 a に $x \neq a$ の条件を保ちながら限りなく近づけるとき，どのような近づけ方をしても，その近づけ方によらずに関数 $f(x)$ の値が 一定の有限値 b に限りなく近づくならば，関数 $f(x)$ は x が a に近づくとき b に 収束する といい，

$$\lim_{x \to a} f(x) = b \quad \text{または} \quad f(x) \to b \quad (x \to a)$$

と表す．この b のことを x が a に近づくときの関数 $f(x)$ の 極限値 という．このとき，$f(a)$ は定義されていなくてもよい（図 4.29）．
　よって，先ほどの例の場合，

$$\lim_{x \to 1} \frac{x^2 - 1}{x - 1} = 2 \quad \text{または} \quad \frac{x^2 - 1}{x - 1} \to 2 \quad (x \to 1)$$

---

[47] グラフ内の ○ は，その点における関数の値が存在しないことを表す．

と表すことができる.

　一方, 変数 x をある定数 a に <u>$x \neq a$</u> の条件を保ちながら限りなく近づける
とき, どのような近づけ方をしても, その近づけ方によらずに関数 $f(x)$ の値の
絶対値が限りなく大きくなるならば, 関数 $f(x)$ は x が a に近づくとき **発散
する** といい[48), このように収束しないとき, **極限値は存在しない** という.

　なお, $r \in \mathbb{R}$ に対して, r の **絶対値** $|r|$ を

$$|r| = \begin{cases} r & (r \geq 0) \\ -r & (r < 0) \end{cases}$$

と定義する. これは, 数直線上における原点から r までの距離と考えれば
よい. 例えば, 3 は $3 > 0$ なので $|3| = 3$ であるが, -5 は $-5 < 0$ なので
$|-5| = -(-5) = 5$ である.

> 注意 「収束する」ことを上記のように「限りなく」という曖昧な言葉だけで定義
> すると, 「極限値は存在すればただ1つである」という **極限値の一意性** を証明すること
> ができない. そのため, 実際は「収束する」ことを **ε-δ (イプシロン・デルタ) 論法** と
> よばれる厳密な理論で定義している. 興味があれば, 参考文献 [9] などを参照のこと.

　次に, 関数

$$y = f(x) = \begin{cases} -x+1 & (x < 0) \\ x-1 & (x > 0) \end{cases}$$

を考えよう. この関数は, $x < 0$ のときは傾きが -1, y 切片が 1 の直線
$y = -x+1$ と同じであり, $x > 0$ のときは傾きが 1, y 切片が -1 の直線
$y = x-1$ と同じであるから, グラフは図 4.30 のようになる.

　このとき, $x = 0$ における関数 $f(x)$ の極限値を求めたいのだが, グラフ
をみると左側から近づけたときと, 右側から近づけたときの値が異なるようで
ある. 左側から近づける場合, $x = 0$ の近くの x に対して <u>$x < 0$ を保ったまま</u>
x の値を徐々に 0 に近づけていくと, y の値は 1 に近づくことがわかる.

　一方, 右側から近づける場合, $x = 0$ の近くの x に対して <u>$x > 0$ を保ったまま</u>
x の値を徐々に 0 に近づけていくと, y の値は -1 に近づくことがわかる.

　一般に, 変数 x をある定数 a に <u>$x < a$</u> または $\boxed{x > a}$ の条件を保ちながら
限りなく近づけるとき, <u>どのような近づけ方をしても その近づけ方によらずに</u>

---

48) 例えば, $y = \frac{1}{x^2}$ は x が 0 に近づくとき発散する.

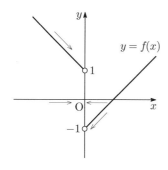

図 4.30 $y = f(x)$ のグラフ

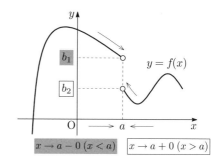

図 4.31 片側極限のイメージ

関数 $f(x)$ の値がそれぞれ一定の有限値 b_1 または b_2 に限りなく近づくならば,

$$\lim_{x \to a-0} f(x) = b_1 \qquad \text{または} \qquad \lim_{x \to a+0} f(x) = b_2$$

と表し, 関数 $f(x)$ は x が a に近づくとき, 左側極限値 b_1 または 右側極限値 b_2 をもつ という. 特に, $a = 0$ のときは, $x \to 0-0$, $x \to 0+0$ の代わりに, それぞれ $x \to -0$, $x \to +0$ と書くことにする (図 4.31).

先ほどの例の場合は

$$\lim_{x \to -0} f(x) = 1, \qquad \lim_{x \to +0} f(x) = -1$$

と表すことができる.

左側極限値 $\displaystyle\lim_{x \to a-0} f(x)$ と右側極限値 $\displaystyle\lim_{x \to a+0} f(x)$ がともに存在し, それらの値が一致するときのみ, 極限値 $\displaystyle\lim_{x \to a} f(x)$ は存在し,

$$\lim_{x \to a} f(x) = \lim_{x \to a-0} f(x) \left(= \lim_{x \to a+0} f(x) \right)$$

を満たす. また, 逆に 極限値 $\displaystyle\lim_{x \to a} f(x)$ が存在するならば, 左側極限値 $\displaystyle\lim_{x \to a-0} f(x)$ と右側極限値 $\displaystyle\lim_{x \to a+0} f(x)$ はともに存在し, それらの値は極限値 $\displaystyle\lim_{x \to a} f(x)$ と一致する. 先ほどの例の場合は,

$$\lim_{x \to -0} f(x) = 1 \neq -1 = \lim_{x \to +0} f(x)$$

であるから, 極限値 $\displaystyle\lim_{x \to 0} f(x)$ は存在しない.

　いままでの例では, 関数のグラフをかくことができたのでそれをもとに極限値を求めることができたが, 例えば, 複雑でグラフがかけないような関数の場合はどうすればいいだろうか？ 実際, 極限値を計算で求めるには工夫が必要であるが, ここでは次節で扱う「関数の連続性」を理解するうえで必要となる, ごく基本的な計算方法のみを, 以下に紹介する[49].

極限計算のポイント

以下, $a \in \mathbb{R}$ とし, 関数 $f(x)$ において, x を a に近づける極限を考えるものとする.

(1) $x = a$ の付近で, $x < a$ と $x > a$ における区分的な関数の形が同じであるときは, 極限値を求める.

(2) $x = a$ の付近で, $x < a$ と $x > a$ における区分的な関数の形が異なるときは, 左側極限値, 右側極限値をまず求める. 左側極限値を計算するには $f(x)$ として $x < a$ で定義された関数を使い, 右側極限値を計算するには $f(x)$ として $x > a$ で定義された関数を使う.

(3) 有理関数の極限では, 分母と分子をできる限り因数分解し, できる限り約分しておく.

(4) 計算の途中で $+0$, -0 が現れたとき, $\dfrac{1}{+0}$, $\dfrac{1}{-0}$ の形であれば発散するとし, それ以外のときは通常の 0 として計算する.

例 4.9　関数

$$f(x) = \begin{cases} -x & (x < 0) \\ x & (x > 0) \end{cases}$$

の $x = 0$ における極限値 $\displaystyle \lim_{x \to 0} f(x)$ を調べよう. 上記の「極限計算のポイント」にしたがって計算する. $x = 0$ 付近の $x < 0$ と $x > 0$ における区分的な関数の形は異なっているので, 左側極限値と右側極限値を求めると

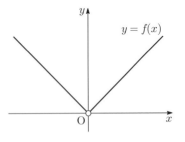

図 4.32　例 4.9 のグラフ

---

49)　一般の計算方法については, 例えば参考文献 [7] を参照のこと.

$$\lim_{x \to -0} f(x) = \lim_{x \to -0} (-x) = -(-0) = 0$$

$$\lim_{x \to +0} f(x) = \lim_{x \to +0} x = +0 = 0$$

であり, 左側極限値と右側極限値が一致するので, $\displaystyle\lim_{x \to 0} f(x) = 0$ である. グラフは図 4.32 のようである. ∎

練習 4.9 [50)] 関数 $f(x) = \dfrac{x^2 - 4}{x + 2}$ の点 $x = -2$ に対して, 極限値 $\displaystyle\lim_{x \to -2} f(x)$ を求めなさい. 存在しない場合はそのように答えなさい.

4.6 関数の連続性

関数 $y = f(x)$ が連続であるとは, グラフが「つながっている」ということである. よって, 1 次関数や 2 次関数などの多項式関数や指数関数は, すべての点で連続であることがすぐにイメージできるだろう. ところが, 前節で考えた 2 つの関数

$$y = \frac{x^2 - 1}{x - 1}, \qquad y = \begin{cases} -x + 1 & (x < 0) \\ x - 1 & (x > 0) \end{cases}$$

はそれぞれ点 $x = 1$ と $x = 0$ で定義されていないので, これらの点で関数のグラフは途切れており, 連続ではない. では, 前者の $x = 1$, そして後者の $x = 0$ における y の値をどのように定めれば, これらの点で途切れていたこれらの関数のグラフはうまくつながって, 連続とすることができるだろうか?

関数 $y = \dfrac{x^2 - 1}{x - 1}$ の場合は, 点 $x = 1$ のとき y の値を $y = 2$ と定めれば連続になるが, それ以外の値, 例えば $y = 1$ と定めれば連続にはならない. この 2 つの関数

$$f(x) = \begin{cases} \dfrac{x^2 - 1}{x - 1} & (x \neq 1) \\ 2 & (x = 1) \end{cases}, \qquad g(x) = \begin{cases} \dfrac{x^2 - 1}{x - 1} & (x \neq 1) \\ 1 & (x = 1) \end{cases}$$

の状況をグラフで見てみると図 4.33 のようであり, $x = 1$ において関数 $f(x)$

---

50) 答 (練習 **4.9**) -4

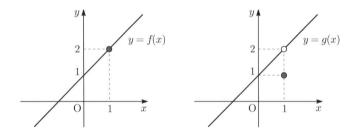

図 4.33　関数の連続性

のグラフはつながっているが [51]，関数 $g(x)$ のグラフは途切れている．

一方，関数　$y = \begin{cases} -x + 1 & (x < 0) \\ x - 1 & (x > 0) \end{cases}$　の場合は，点 $x = 0$ のとき y に

どのような値，例えば $y = 0$ や $y = 1$ と定めても連続にはならない．この 2 つ
の関数

$$h(x) = \begin{cases} -x + 1 & (x < 0) \\ 0 & (x = 0) \\ x - 1 & (x > 0) \end{cases}, \qquad k(x) = \begin{cases} -x + 1 & (x < 0) \\ 1 & (x = 0) \\ x - 1 & (x > 0) \end{cases}$$

の状況をグラフで見てみると図 4.34 のようであり，$x = 0$ において関数 $h(x)$
と $k(x)$ のグラフはともに途切れている．つまり，どちらも連続ではない．

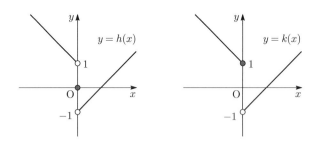

図 4.34　関数の連続性

では，グラフがかけないような複雑な状況の場合，この事実を数学的にどの
ように説明すればよいだろうか？ 前者の例の場合，

---

51)　じつは，$f(x) = x + 1$ である．

$$\lim_{x \to 1-0} f(x) = \lim_{x \to 1-0} \frac{x^2 - 1}{x - 1} = \lim_{x \to 1-0} \frac{(x+1)(x-1)}{x-1}$$

$$= \lim_{x \to 1-0} (x+1) = 2$$

$$\boxed{\lim_{x \to 1+0} f(x)} = \lim_{x \to 1+0} \frac{x^2 - 1}{x - 1} = \lim_{x \to 1+0} \frac{(x+1)(x-1)}{x-1}$$

$$= \lim_{x \to 1+0} (x+1) = 2$$

より，左側極限値と右側極限値が一致するので極限値 $\lim_{x \to 1} f(x)$ が存在し，その値は 2 である．ここで，$f(1) = 2$ と定義すればグラフはつながる．一方，後者の例については，

$$\lim_{x \to -0} h(x) = \lim_{x \to -0} (-x+1) = 1$$

$$\boxed{\lim_{x \to +0} h(x)} = \lim_{x \to +0} (x-1) = -1$$

より，左側極限値と右側極限値が一致しないので，極限値 $\lim_{x \to 0} h(x)$ は存在しない．この場合は，$f(1)$ をどのように定義しても連続にはならない．

以上の考察から，関数の連続性を次のように定義する．

$a \in \mathbb{R}$ とし，D を a を元として含む集合とする．D を定義域とする関数 $f(x)$ に対して，

$$\lim_{x \to a} f(x) = f(a)$$

が成り立つとき，関数 $f(x)$ は $x = a$ で 連続である という．また，この関数の定義域 D のすべての x で連続であるとき，関数 $f(x)$ は（D 上で）連続であるという．連続である関数を 連続関数 という．

つまり，関数 $f(x)$ が $x = a$ で連続であるとは，x が a に近づくとき 関数 $f(x)$ の極限値が存在して，その値が $f(a)$ と一致するときと定義するのである．また，極限値の性質から，連続関数の 定数倍，和，差，積，商 も連続関数となることがわかる．ただし，商に関しては分母が 0 となる点では定義できないので，それらの点は定義域から除く必要がある．

例 4.10　関数

$$f(x) = \begin{cases} -x & (x < 0) \\ 0 & (x = 0) \\ x & (x > 0) \end{cases}$$

の $x = 0$ における連続性を調べてみよう. x が左と右からそれぞれ 0 に近づくときの関数 $f(x)$ の極限値を求めると,

$$\lim_{x \to -0} f(x) = \lim_{x \to -0} (-x) = 0$$

$$\lim_{x \to +0} f(x) = \lim_{x \to +0} x = 0$$

より, 左側極限値と右側極限値が一致
するので極限値 $\lim_{x \to 0} f(x)$ が存在し,
その値は 0 である. 一方, 関数 $f(x)$ の
定義より, $x = 0$ のときの y の値は
$f(0) = 0$ であるから,

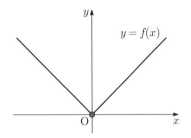

$$\lim_{x \to 0} f(x) = 0 = f(0)$$

が成り立っている. これより, 関数 $f(x)$
は $x = 0$ で連続であることがわかる.

図 4.35　例 4.10 のグラフ

この状況をグラフで見てみると図 4.35 のようであり, $x = 0$ において $f(x)$ の
グラフがつながっていることがわかる.

練習 4.10 [52)]　関数 $f(x) = \begin{cases} \dfrac{x^2 - 4}{x + 2} & (x \ne -2) \\ 0 & (x = -2) \end{cases}$ の $x = -2$

における連続性を調べなさい.

---

52)　答 (練習 4.10)　連続ではない.

第 4 章　章末問題

【A】 (答えは p.171)

1. 関数 $y = x^2 - 2x + 2$ のグラフを x 軸対称移動, y 軸対称移動, 原点対称移動した
グラフの関数をそれぞれ求め, 各関数のグラフを同一平面上にかきなさい.

2. 次の関数のグラフをかきなさい. また, 逆関数を求め, そのグラフを同一平面上に
かきなさい. なお, それぞれ定義域と値域を明記し, 頂点や各軸との交点などの
代表点, 漸近線なども可能な限り図中に示すこと.

  (1)　$y = x^2 - 7x + 10 \ \left(x \geq \dfrac{7}{2} \right)$　　(2)　$y = \dfrac{x+1}{x+2} \ (x < -2)$

3. 次の関数の逆関数を求め, その定義域と値域を明記しなさい.

  (1)　$y = 2x - 1$　　　　　　　(2)　$y = -x^2 + 2x \ (x \geq 1)$

  (3)　$y = \dfrac{1}{x-1} \ (x > 1)$　　　(4)　$y = \sqrt{2x}$

【B】 (答えは p.173)

1. 次の関数 $f(x)$ と [ ] 内の点 $x = a$ に対して, 極限値 $\displaystyle\lim_{x \to a} f(x)$ を求めなさい.
存在しない場合はそのように答えなさい.

  (1)　$f(x) = \dfrac{x^2 - 9}{2x - 6}$　　　$[\, x = 3 \,]$

  (2)　$f(x) = \begin{cases} x + 1 & (x < 0) \\ 1 - x & (x > 0) \end{cases}$　　　$[\, x = 0 \,]$

2. 次の関数の [ ] 内の点における連続性を調べなさい.

  (1)　$f(x) = \begin{cases} -1 & (x < 0) \\ 0 & (x = 0) \\ 1 & (x > 0) \end{cases}$　　$[\, x = 0 \,]$

  (2)　$f(x) = \begin{cases} 2 - x & (x < 1) \\ 1 & (x = 1) \\ x^2 & (x > 1) \end{cases}$　　$[\, x = 1 \,]$

5

三角比と三角関数

この章では, まず三角比と弧度法について説明し, 一般角を導入して三角関数を定義する. 加法定理など三角関数の重要な性質についても紹介する.

5.1　三 角 比

$\angle \mathrm{C} = 90^\circ$, $\angle \mathrm{B} = \theta$ の直角三角形 ABC を考える[1]. 三角形の内角の和は 180° であるから, $\angle \mathrm{A}$ も自動的に定まる. 3 つの角が同じである直角三角形は互いに相似であるから, それぞれ対応する辺の長さの比は, 直角ではない角のうちの一方の角度のみで定まる. ここで, 辺 BC, 辺 CA, 辺 AB の長さをそれぞれ a, b, c とするとき, 3 辺の長さの比を

$$\sin\theta = \frac{b}{c}, \quad \cos\theta = \frac{a}{c}, \quad \tan\theta = \frac{b}{a}$$

と定義し, それぞれ角 θ の **正弦**(サイン), **余弦**(コサイン), **正接**(タンジェント) という. また, これらをあわせて **三角比** という.

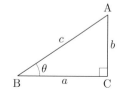

図 5.1　直角三角形 ABC

例 5.1　$\angle \mathrm{C} = 90^\circ$, $\angle \mathrm{B} = 60^\circ$ の直角三角形 ABC を考える. 各辺の長さは, 一辺の長さが 2 の正三角形を半分に切ったものと考えれば, 辺 AB の長さが 2, 辺 BC の長さが 1, 辺 CA の長さはピタゴラスの定理により, $\sqrt{2^2 - 1^2} = \sqrt{3}$ であるから,

$$\sin 60^\circ = \frac{\sqrt{3}}{2}, \quad \cos 60^\circ = \frac{1}{2}, \quad \tan 60^\circ = \sqrt{3}$$

■

図 5.2　例 5.1 の状況

1)　記号 ∠ は角を意味する. また, θ はギリシア文字である (巻頭の p.viii 参照).

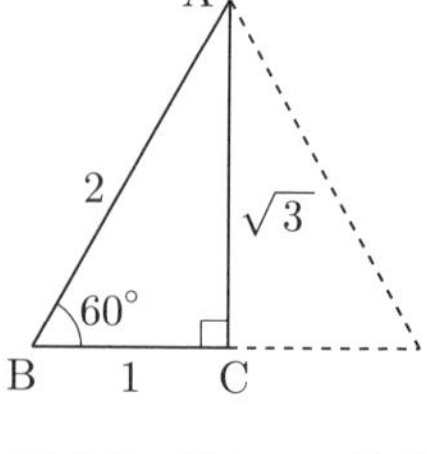

練習 5.1 [2] 例 5.1 において，∠B = 45° としたときの各三角比の値を求めなさい．また，∠B = 30° としたときの各三角比の値も求めなさい．

$\theta = 0°$，$90°$ の三角比については，∠C $= 90°$ の直角三角形 ABC で，∠B が $0°$ または $90°$ に限りなく近い状況を考えて[3] (図 5.3)，

$$\sin 0° = \frac{0}{1} = 0, \quad \cos 0° = \frac{1}{1} = 1, \quad \tan 0° = \frac{0}{1} = 0$$

$$\sin 90° = \frac{1}{1} = 1, \quad \cos 90° = \frac{0}{1} = 0, \quad \tan 90° = \frac{1}{0} = 値なし$$

と定義する．

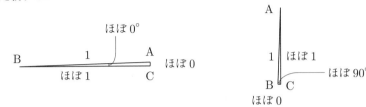

図 5.3 $\theta = 0°$，$90°$ のイメージ

5.2 弧度法と一般角

これまでは，角度として例えば $30°$，$45°$ などの **度数法** を用いていたが，今後，微分積分学などに応用するにあたり，半径 1 の円の弧の長さを角の大きさと定める **弧度法** を用いることにする．

具体的には，原点が中心で半径 1 の円をかき（このような円を **単位円** という），点 $(1, 0)$ から反時計回りに円周上を回転させて，点 $(1, 0)$ が動いた円周上の弧の長さを考える．

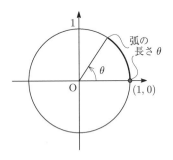

図 5.4 弧度法の定義

---

2) **答 (練習 5.1)** $\sin 45° = \frac{1}{\sqrt{2}}$，$\cos 45° = \frac{1}{\sqrt{2}}$，$\tan 45° = 1$，$\sin 30° = \frac{1}{2}$，$\cos 30° = \frac{\sqrt{3}}{2}$，$\tan 30° = \frac{1}{\sqrt{3}}$

3) より正確には，片側極限を用いて $(0 \boxed{+0})°$，$(90 \boxed{-0})°$ と考える．

弧の長さ θ は回転角の大きさ $a°$ に比例しているので，角の大きさを度数表示の代わりに弧の長さ θ を用いて

$$\theta \ \text{ラジアン}\,(\text{rad})$$

と定義する．円を 1 周するとその回転角は $360°$ であり，このとき半径 1 の円周の長さは 2π であるから，

$$360° \ = \ 2\pi \ \text{ラジアン}$$

という関係式が成り立つ．したがって，角 $a°$ を弧度法で表すと

$$\theta \ = \ \frac{2\pi}{360°} \ \times \ \boxed{a°} \ = \ \frac{\boxed{a°}}{360°} \ \times \ 2\pi \ \text{ラジアン}$$

である．

> 一般に，単位の「ラジアン」は省略することが多いので，
> 本書でも以後省略する．

例 5.2 $\boxed{30°}$ を弧度法で表すと，

$$\theta \ = \ \frac{\boxed{30°}}{360°} \ \times \ 2\pi \ = \ \frac{1}{12} \times 2\pi \ = \ \frac{\pi}{6}$$

> **練習 5.2** [4)] $0°,\ 45°,\ 60°,\ 90°$ を弧度法で表しなさい．

　続いて，一般角について説明する．先のラジアンの定義で考えたのと同じように，横軸上の点から原点を中心として反時計回りの方向にまわる角度を **正の角度**，時計回りの方向にまわる角度を **負の角度** という．例えば，単位円をかき，点 $(1,0)$ から時計回りに円周上を回転させて，点 $(1,0)$ が動いた円周上の弧の長さが θ となる角度は $-\theta$ である．

　また，一回り以上の角度については，1 周が 2π（ラジアン）であることから，例えば，単位円周上の点 $(1,0)$ から，反時計回りに n 回転した後に弧の長さ

---

4) 答 (**練習 5.2**) $0° = 0,\ 45° = \frac{\pi}{4},\ 60° = \frac{\pi}{3},\ 90° = \frac{\pi}{2}$

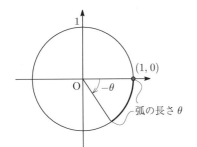

図 5.5 負の角度

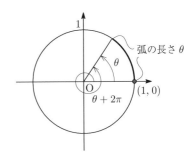

図 5.6 一回り以上の角度

が θ $(0 \leq \theta < 2\pi)$ である点まで動いたとすると, その角度は

$$\theta + 2n\pi \quad (n \in \mathbb{N})$$

となるが, これは点 $(1, 0)$ から反時計回りに円周上を θ の長さだけ動いた点と同じ位置にある.

同様に, 時計回りに n 回転することを「反時計回りに $-n$ 回転する」と定義すると, $n \in \mathbb{Z}$ に対して角度

$$\theta + 2n\pi \quad (n \in \mathbb{Z})$$

を考えることができる.

以上のように, 正負や一回り以上についても考えた角を **一般角** という.

5.3 三角関数とグラフ

三角比の考え方を一般角にまで拡張してみよう. 単位円周上の点 $A(1, 0)$ から, 反時計回りに角 θ だけ回転した点を $P(x, y)$ とする. $0 < \theta < \dfrac{\pi}{2}$ とするとき, 点 P から横軸上に下ろした垂線と横軸との交点を H とすると[5], 三角形 POH は $\angle H = \dfrac{\pi}{2}$, $\angle POH = \theta$, $\overline{OP} = 1$ の直角三角形となるから[6], 三角比の定義より

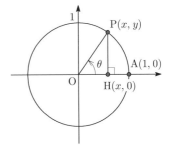

図 5.7 三角関数の定義

---

[5] このとき, H の座標は $(x, 0)$ となることに注意する.

[6] 記号 $\overline{OP}$ は辺 OP の長さを表す. $\overline{OP}$ は単位円の半径なので 1 である.

$$\sin\theta = \frac{y}{1} = y, \quad \cos\theta = \frac{x}{1} = x, \quad \tan\theta = \frac{y}{x}$$

であることがわかる. したがって, 点 P の座標は $(\cos\theta, \sin\theta)$ と表すことができる.

ここで, この θ が一般角のときも

$$\sin\theta = \frac{y}{1} = y, \quad \cos\theta = \frac{x}{1} = x, \quad \tan\theta = \frac{y}{x} \left(= \frac{\sin\theta}{\cos\theta} \right)$$

と定義することにする. $\tan\theta$ については, $x = 0$ のときは定義しないこととする. また, これらを三角比のときと同様に, それぞれ<u>一般角</u> θ の 正弦, 余弦, 正接 といい, これらをあわせて 三角関数 という[7].

例 5.3 $\theta = \dfrac{5}{6}\pi$ のとき, $\sin\theta$, $\cos\theta$, $\tan\theta$ の値をそれぞれ求めよう.

まずは単位円をかいて, $\theta = \dfrac{5}{6}\pi$ を記入する. そのとき, 直角三角形を考え, さらに x 座標は負, y 座標は正であることに注意すれば,

$$\sin\theta = \frac{\frac{1}{2}}{1} = \frac{1}{2}, \quad \cos\theta = -\frac{\frac{\sqrt{3}}{2}}{1} = -\frac{\sqrt{3}}{2}$$

$$\tan\theta = \frac{\sin\theta}{\cos\theta} = \frac{\frac{1}{2}}{-\frac{\sqrt{3}}{2}} = -\frac{\frac{1}{2}\boxed{\times 2}}{\frac{\sqrt{3}}{2}\boxed{\times 2}} = -\frac{1}{\sqrt{3}}$$

とわかる. ∎

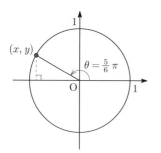
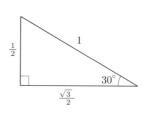

図 5.8 例 5.3 の状況

<hr>

7) 三角関数の逆関数 (逆三角関数) については, 「微分積分」[13] 1.7 節参照.

練習 5.3 （答えは巻末の略解 p.173）

例 5.3 のように, 単位円をかいて各角度の三角関数の値を求め, 以下の表を完成させなさい. 定義できないところは × 印を書きなさい.

θ	$-\pi$	$-\frac{5}{6}\pi$	$-\frac{3}{4}\pi$	$-\frac{2}{3}\pi$	$-\frac{\pi}{2}$	$-\frac{\pi}{3}$	$-\frac{\pi}{4}$	$-\frac{\pi}{6}$
$\sin\theta$								
$\cos\theta$								
$\tan\theta$								

θ	0	$\frac{\pi}{6}$	$\frac{\pi}{4}$	$\frac{\pi}{3}$	$\frac{\pi}{2}$	$\frac{2}{3}\pi$	$\frac{3}{4}\pi$	$\frac{5}{6}\pi$	π
$\sin\theta$									
$\cos\theta$									
$\tan\theta$									

　三角関数の定義と, 例 5.3 のように単位円を利用することで, 以下の性質がわかる. なお, 以下に三角関数の正のべき乗 $\sin^n\theta$ $(n>0)$ などの表記があるが, これは $\sin^n\theta = \left(\sin\theta\right)^n$ $(n>0)$ などのことである（$\cos^n\theta$, $\tan^n\theta$ も同様）. ただし, $n<0$ のときにはこの表記は用いないので注意すること.

定理 5.1 (三角関数の性質 (その 1))

(1) $\sin^2\theta + \cos^2\theta = 1$ 　　(2) $\tan\theta = \dfrac{\sin\theta}{\cos\theta}$

(3) $1 + \tan^2\theta = \dfrac{1}{\cos^2\theta}$

(4) $-1 \le \sin\theta \le 1$ 　　(5) $-1 \le \cos\theta \le 1$

(6) $\sin(-\theta) = -\sin\theta$ 　　(7) $\cos(-\theta) = \cos\theta$

(8) $\tan(-\theta) = -\tan\theta$

証明　(1) 三角関数の定義より, 単位円周上の点 P の座標は $(\cos\theta, \sin\theta)$ であるから, 単位円の方程式 $x^2 + y^2 = 1$ に代入すれば得られる.

　(2) $\tan\theta$ の定義式にも記載のとおりである.

　(3) (1) の両辺を $\cos^2\theta$ で割れば得られる. $\cos\theta = 0$ のときは, そもそも $\tan\theta$ が定義されない.

(4) $\sin\theta$ は，三角関数の定義によると単位円周上の点 P の y 座標であるから，単位円周上しか動けない．したがって，(4) の範囲しか動けない．

(5) (4) と同様に，$\cos\theta$ は点 P の x 座標で単位円周上しか動けない．

(6) 図 5.9 より，$\sin(-\theta)$ の値は $\sin\theta$ と絶対値は等しいが符号が異なる．

(7) 図 5.9 より，$\cos(-\theta)$ の値は $\cos\theta$ と同じである．

(8) (2) と (6), (7) の結果より，以下がわかる．

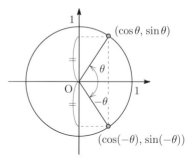

$$\tan(-\theta) = \frac{\sin(-\theta)}{\cos(-\theta)} = \frac{-\sin\theta}{\cos\theta}$$

$$= -\frac{\sin\theta}{\cos\theta} = -\tan\theta \quad \square$$

図 5.9　負の角度の三角関数の値

$\pi-\theta$, $\dfrac{\pi}{2}-\theta$ の三角関数の値については，単位円内の合同な直角三角形を用いるか，次節の加法定理を用いれば簡単にできる．

練習 5.3 で作成した表や三角関数の性質などから，図 5.10 のような三角関数のグラフがかける．

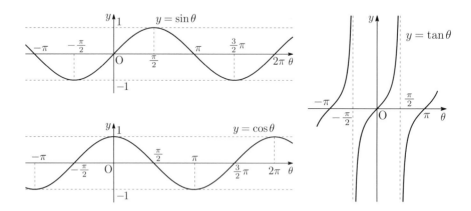

図 5.10　$y=\sin\theta$, $y=\cos\theta$, $y=\tan\theta$ のグラフ

これらのグラフから，性質 (4) 〜 (8) がわかる．

5.4 加法定理

三角関数について, 次の 加法定理 が成り立つ[8), 9)].

定理 5.2 (加法定理)

$$\sin(\alpha + \beta) = \sin\alpha\cos\beta + \cos\alpha\sin\beta$$

$$\cos(\alpha + \beta) = \cos\alpha\cos\beta - \sin\alpha\sin\beta$$

$$\tan(\alpha + \beta) = \frac{\tan\alpha + \tan\beta}{1 - \tan\alpha\tan\beta}$$

加法定理から, さらに以下の重要な性質がわかる. 特に (9), (10) は **倍角の公式** といい, 三角関数の積分で必要となる. また, (11) は **合成** とよばれるもので, 複数の三角関数を 1 つの三角関数にまとめることで, その関数の値域 (最大値や最小値) を調べることが可能となる. 他にもたくさん性質はあるが, まずは今後 必要となるであろう重要な 3 つをここで紹介する.

定理 5.3 (三角関数の性質 (その 2))

(9) $\sin 2\theta = 2\sin\theta\cos\theta$

(10) $\cos 2\theta = \cos^2\theta - \sin^2\theta = 1 - 2\sin^2\theta = 2\cos^2\theta - 1$

(11) $a\sin\theta + b\cos\theta = \sqrt{a^2 + b^2}\,\sin(\theta + \alpha)$

ただし, $\sin\alpha = \dfrac{b}{\sqrt{a^2 + b^2}}$, $\cos\alpha = \dfrac{a}{\sqrt{a^2 + b^2}}$

証明 (9) $\sin(\alpha + \beta)$ で $\alpha = \beta = \theta$ とする.

(10) $\cos(\alpha + \beta)$ で $\alpha = \beta = \theta$ とし, 性質 (1) を用いる.

(11) 加法定理より

$$\sin(\theta + \alpha) = \sin\theta\cos\alpha + \cos\theta\sin\alpha$$

$$= \frac{a}{\sqrt{a^2 + b^2}}\sin\theta + \frac{b}{\sqrt{a^2 + b^2}}\cos\theta$$

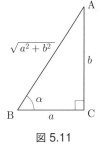

図 5.11

---

8) 加法定理の証明は, 本書ではふれていない余弦定理などを用いるため省略するが, 高等学校「数学 II」の教科書などには載っているので参照するとよい.

9) $\beta < 0$ のときは, 性質 (6) ～ (8) を使えばよい.

であるから, この両辺に $\sqrt{a^2+b^2}$ を掛けると関係式が得られる. □

他にも, 加法定理から次のような関係式が得られる.

半角の公式 : $\sin^2\dfrac{\theta}{2}=\dfrac{1-\cos\theta}{2}$, $\cos^2\dfrac{\theta}{2}=\dfrac{1+\cos\theta}{2}$

積和の公式 : $\sin\alpha\cos\beta=\dfrac{\sin(\alpha+\beta)+\sin(\alpha-\beta)}{2}$

$\cos\alpha\sin\beta=\dfrac{\sin(\alpha+\beta)-\sin(\alpha-\beta)}{2}$

$\cos\alpha\cos\beta=\dfrac{\cos(\alpha+\beta)+\cos(\alpha-\beta)}{2}$

$\sin\alpha\sin\beta=-\dfrac{\cos(\alpha+\beta)-\cos(\alpha-\beta)}{2}$

和積の公式 : $\sin A+\sin B=2\sin\dfrac{A+B}{2}\cos\dfrac{A-B}{2}$

$\sin A-\sin B=2\sin\dfrac{A-B}{2}\cos\dfrac{A+B}{2}$

$\cos A+\cos B=2\cos\dfrac{A+B}{2}\cos\dfrac{A-B}{2}$

$\cos A-\cos B=-2\sin\dfrac{A+B}{2}\sin\dfrac{A-B}{2}$

実際, 半角の公式は性質 (10) で $\dfrac{\theta}{2}$ を用いればよいし, 積和の公式も

$$\begin{array}{rcl}\sin(\alpha+\beta)&=&\sin\alpha\cos\beta+\cos\alpha\sin\beta\\ +)\quad\sin(\alpha-\beta)&=&\sin\alpha\cos\beta-\cos\alpha\sin\beta\\ \hline \sin(\alpha+\beta)+\sin(\alpha-\beta)&=&2\sin\alpha\cos\beta\end{array}$$

より, 両辺を 2 で割ればよい. また, 和積の公式は, 積和の公式において $\alpha=\dfrac{A+B}{2}$, $\beta=\dfrac{A-B}{2}$ とすればよい.

このように,

三角関数の定義を理解し, 加法定理を覚えておきさえすれば,
それ以外の性質は自分で導くことができる.

第 5 章　章末問題

【A】 (答えは p.173)

1. 以下の問いに答えなさい.

(1) $\sin^2\theta$ を $\cos 2\theta$ で表しなさい.　　(2) $\cos^2\theta$ を $\cos 2\theta$ で表しなさい.

(3) $\sin 3\theta$ を $\sin\theta$ で表しなさい.　　(4) $\cos 3\theta$ を $\cos\theta$ で表しなさい.

2. $\theta = 15^\circ$ とする. 以下の問いに答えなさい.

(1) θ をラジアンで表しなさい.　　(2) $\sin\theta,\ \cos\theta$ の値を求めなさい.

3. $\theta = 105^\circ$ とする. 以下の問いに答えなさい.

(1) θ をラジアンで表しなさい.　　(2) $\sin\theta,\ \cos\theta$ の値を求めなさい.

【B】 (答えは p.173)

1. $\tan\theta = a$ とおくとき, 以下を a で表しなさい.

(1) $\tan 2\theta$　　　　(2) $\cos 2\theta$　　　　(3) $\sin 2\theta$

2. $\sin\theta = \cos\theta$ を満たす $\theta \in \mathbb{R}$ をすべて求めなさい.

3. $0 \leq \theta < 2\pi$ のとき, $\sqrt{3}\,\sin\theta + \cos\theta$ の最大値と最小値を求めなさい. また, それらの値をとるときの θ の値もそれぞれ求めなさい.

4. 正五角形の面積を求めるために, $\theta = 18^\circ$ として, 以下の問いに答えなさい.

(1) θ をラジアンで表しなさい.

(2) $5\theta = 90^\circ$ を利用して, $\sin 2\theta = \cos 3\theta$ を証明しなさい.

(3) (2) の関係式を利用して, $\sin\theta$ の値を求めなさい.

(4) $\cos 2\theta,\ \sin 2\theta$ の値を求めなさい.

(5) $\tan 3\theta$ を $\sin 2\theta,\ \cos 2\theta$ の式で表しなさい.

(6) 1 辺の長さが 1 の正五角形の面積を求めなさい.

6
指数関数と対数関数

この章では，まず実社会で指数関数が現れる複利計算の説明をし，さらに指数関数のグラフについて述べる．続いて，指数の逆演算である対数の定義と性質を紹介し，対数関数とそのグラフについても説明する．

6.1 指数関数とグラフ

まず，複利計算の説明をするまえに，金利用語を簡単に紹介する[1]．金融機関等に実際に預けた金額を **元金**，預けたときにある一定の率で支払われる金額を **利息**，その一定の率を **金利**，金利を1年に換算したものを **年利**，元金と利息の合計を **元利合計**，満期になったときの利息を元金に組み入れてまた同じく運用する方式を **複利** という[2]．

金融機関に，元金 10000 円を1年複利の年利 10 ％ ＝ 0.1 で預けるとき，1年後，2年後，3年後の元利合計がそれぞれいくらになるか調べてみよう．

1年後： $\underbrace{10000}_{\text{元金}} + \underbrace{10000 \times \boxed{0.1}}_{\text{利息}} = \underbrace{10000}_{\text{元金}} (1 + \underbrace{\boxed{0.1}}_{\text{金利}})$

$= 10000 \times 1.1 = \underline{11000 \text{ 円}}$

2年後： $\underbrace{11000}_{\text{新しい元金}} + \underbrace{11000 \times \boxed{0.1}}_{2\text{年目の利息}} = \underbrace{\boxed{11000}}_{\text{新しい元金}} (1 + \underbrace{\boxed{0.1}}_{\text{金利}})$

---

1) 金利に関する話題については，巻末の参考文献 [11] 参照．
2) 本書では扱わないが，利息を元金に組み入れない方式を **単利** という．

$$= \underbrace{\boxed{10000} \left(1 + \boxed{0.1} \right)}_{\text{新しい元金}} \left(1 + \boxed{0.1} \right)$$

$$= \underbrace{\boxed{10000}}_{\text{元金}} \left(1 + \underbrace{\boxed{0.1}}_{\text{金利}} \right)^{2} \overset{\text{年数}}{=} 10000 \times 1.1^{2}$$

$$= 10000 \times 1.21 = \underline{12100 \text{ 円}}$$

3 年後：$\underbrace{\boxed{12100}}_{\text{新しい元金}} + \underbrace{\boxed{12100} \times \boxed{0.1}}_{\text{3 年目の利息}} = \underbrace{\boxed{12100}}_{\text{新しい元金}} \left(1 + \underbrace{\boxed{0.1}}_{\text{金利}} \right)$

$$= \underbrace{\boxed{10000} \left(1 + \boxed{0.1} \right)^{2}}_{\text{新しい元金}} \left(1 + \boxed{0.1} \right)$$

$$= \underbrace{\boxed{10000}}_{\text{元金}} \left(1 + \underbrace{\boxed{0.1}}_{\text{金利}} \right)^{3} \overset{\text{年数}}{=} 10000 \times 1.1^{3}$$

$$= 10000 \times 1.331 = \underline{13310 \text{ 円}}$$

以上から，$c \in \mathbb{N}$, $a > 0$, $x \geq 0$ とするとき，元金 c 円，年利 a の 1 年複利による x 年後の元利合計を y 円とすると[3]，

$$y = c(1+a)^{x}$$

であることが予想される．このように，累乗の指数に独立変数のある関数を **指数関数** という．一般に，$a > 0$, $a \neq 1$ に対して，

$$y = a^{x}$$

を，a を **底** とする x の **指数関数** という．定義域は $\mathbb{R}$ で，値域は $y > 0$ である．条件 $a > 0$, $a \neq 1$ は指数を実数に拡張する過程で必要となるもので，**底の条件** といわれる．では，指数関数のグラフを具体的な例でみてみよう．

---

3) 年利が a とは，パーセント表示すると $100\,a\,\%$ ということである．

例 6.1　指数関数　$y = 2^x$，$y = \left(\dfrac{1}{2}\right)^x$ のグラフをかいてみよう.

$\left(\dfrac{1}{2}\right)^x = \left(2^{-1}\right)^x = 2^{-x}$ であることに気がつけば，$y = \left(\dfrac{1}{2}\right)^x$ の
グラフは　$y = 2^x$　のグラフを y 軸対称移動したものとなる. そのため，
$y = 2^x$ についてのみ，1.4 節で学習した指数計算を思い出して数表をつくる
と, グラフは 図 6.1 のようである[4)].　　　　　　　　　　　　■

x	-2	-1	0	$\dfrac{1}{2}$	1	2	3
$y = 2^x$	$\dfrac{1}{4}$	$\dfrac{1}{2}$	1	$\sqrt{2}$	2	4	8

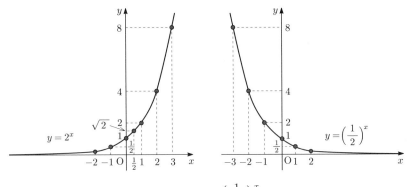

図 6.1　$y = 2^x$ (左)，$y = \left(\dfrac{1}{2}\right)^x$ (右) のグラフ

　一般に，指数関数 $y = a^x$ のグラフは，$a > 1$ のときは単調増加，$0 < a < 1$
のときは単調減少であり，いずれの場合も定義域は $\mathbb{R}$，値域は $y > 0$ である.

練習 6.1 [5)]　指数関数　$y = 3^x$，$y = \left(\dfrac{1}{3}\right)^x$ の定義域, 値域を求め，
グラフをかきなさい.

---

4)　このグラフでは, 指数関数を表す曲線が x 軸と接しているように見えるが, 実際
は限りなく近づくだけで接することはない.

5)　**答 (練習 6.1)**　定義域はいずれも $\mathbb{R}$, 値域はいずれも $y > 0$, グラフは巻末の
略解 (p.174) に掲載.

6.2 対数の定義

2 を 2 乗すると 4 であり，2 を 3 乗すると 8 であるが，2 を何乗すると 5 になるだろうか？ $2^{\boxed{?}} = 5$ を満たす実数 $\boxed{?}$ を正確に表すには，対数という新しい概念が必要となる．

正の数 10000 と $\dfrac{1}{125}$ はそれぞれ

$$10000 = 10^4, \qquad \frac{1}{125} = \frac{1}{5^3} = 5^{-3}$$

と累乗の形で表される．したがって，

$$10^p = 10000, \qquad 5^p = \frac{1}{125}$$

を満たす $p \in \mathbb{R}$ はそれぞれ $p = 4$，$p = -3$ である．しかも，この式を満たす $p \in \mathbb{R}$ はただ 1 つである．

このように，1 ではない正の数 a を 1 つとって固定すると，正の数 M に対して

$$a^p = M$$

を満たす $p \in \mathbb{R}$ がつねにただ 1 つ定まる[6]．そこで，この値 p を 「a を底 とする M の 対数 」といい，

$$\log_a M$$

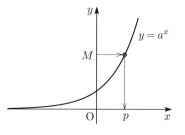

図 6.2　$a^p = M$ の関係

と表す[7]．また，このとき，M のことを 真数 という．図 6.2 からもわかるように，$M \leq 0$ のときは $\log_a M$ が存在しないので，

$$M > 0$$

である．この条件を 真数条件 という．一方，底 a については指数の定義より，底の条件 $a > 0$, $a \neq 1$ が必要となる．特に，実社会でよく使われる $a = 10$

---

6) 図 6.2 より，$M > 0$ ならば，この M に対応する $p \in \mathbb{R}$ がただ 1 つ存在することがわかる．$M \leq 0$ のときは，このような p は存在しないこともわかる．

7) 記号 log は「ログ」と読む．「対数」を意味する英語 "logarithm" が由来である．ちなみに，この logarithm とは「比」「論理」「言葉」という意味のギリシア語 "logos" と，「数」という意味のギリシア語 "arithmos" を合わせた造語である．

の対数 $\log_{10} M$ を 常用対数 という[8].

$a > 0,\ a \neq 1$ とする. すべての $\underline{M > 0}$ に対して
$$a^{\boxed{p}} = \boxed{M} \quad \Leftrightarrow \quad \boxed{p} = \log_{\boxed{a}} \boxed{M}$$
と定義する. なお, $\log_{\boxed{a}} \boxed{M}$ を日本語訳すると,

「 $\boxed{a}$ を何乗したら $\boxed{M}$ になるか, という数 」

よって, 冒頭の問題 $2^{\boxed{?}} = 5$ の答えは, $\boxed{?} = \log_2 5$ である[9].
一般に, 以下の関係が成り立つことがわかる.

定理 6.1 (対数の性質)

$a > 0,\ a \neq 1,\ M > 0,\ p \in \mathbb{R}$ に対して, 次が成り立つ.

(1) $\log_a 1 = 0$ $\quad$ (2) $\log_a a = 1$

(3) $\log_a a^p = p$ $\quad$ (4) $a^{\log_a M} = M$

例 6.2 具体的に対数の値を計算しよう. 定理 6.1 にあてはめてもいいが, ここでは対数の定義にもどって意味を確かめながら求めてみる.

(1) $\log_{\boxed{3}} \boxed{9}$ は, $\boxed{3}$ を $\boxed{2}$ 乗すると $\boxed{9}$ になるので, $\log_{\boxed{3}} \boxed{9} = \boxed{2}$

(2) $\log_2 \frac{1}{4}$ は, $\frac{1}{4} = 2^{-2}$ であるから $\log_2 \frac{1}{4} = -2$

(3) $\log_3 3$ は, $3 = 3^1$ であるから $\log_3 3 = 1$

(4) $\log_{\frac{1}{2}} 2$ は, $2 = \left(\frac{1}{2}\right)^{-1}$ であるから $\log_{\frac{1}{2}} 2 = -1$

(5) $\log_4 1$ は, $1 = 4^0$ であるから $\log_4 1 = 0$

(6) $5^{\log_5 3}$ は, $5^{\log_5 3} = \boxed{?}$ とすると $\log_5 \boxed{?} = \log_5 3$ であるから,

---

8) 地震のマグニチュードや, 酸性やアルカリ性を表す pH などに常用対数が用いられている. 詳しくは, 参考文献 [11] を参照のこと.

9) $\log_2 5 \approx 2.3223$ である. 対数の値を求めるには, 後述の底の変換公式と電卓 (あるいは常用対数表) が必要である.

$$5^{\log_5 3} = \boxed{?} = 3$$

(7) $\log_2 0$ は，$0 = 2^x$ を満たす $x \in \mathbb{R}$ が存在しないので，$\log_2 0$ は存在しない.

(8) $\log_2(-1)$ は，$-1 = 2^x$ を満たす $x \in \mathbb{R}$ が存在しないので，$\log_2(-1)$ は存在しない. ■

> 注意 例 6.2 (7), (8) から真数条件を実感することができるだろう.

> 練習 6.2 10) 次のうち，指数表記は対数に，対数表記は指数にそれぞれ書き換えなさい.
>
> (1) $3^{-3} = \dfrac{1}{27}$　　(2) $\log_2 32 = 5$

6.3 対数法則

対数の定義より，対数と指数は表裏の関係

$$a^{\boxed{p}} = \boxed{M} \quad \Leftrightarrow \quad \boxed{p} = \log_a \boxed{M}$$

にある．ここでは，指数法則と対数の性質を利用して対数法則を導いてみよう.

$a > 0,\ a \neq 1,\ M > 0,\ N > 0,\ k \in \mathbb{R}$ に対して，$\log_a M = p$，$\log_a N = q$ とおくと，$M = a^p$，$N = a^q$ である．ここで，指数法則

(1) $a^p a^q = a^{p+q}$　　(2) $\dfrac{a^p}{a^q} = a^{p-q}$　　(3) $(a^p)^k = a^{kp}$

を利用すると

$$\log_a MN = \log_a(a^p a^q) = \log_a a^{p+q} = p + q = \log_a M + \log_a N$$

$$\log_a \frac{M}{N} = \log_a\left(\frac{a^p}{a^q}\right) = \log_a a^{p-q} = p - q = \log_a M - \log_a N$$

$$\log_a M^k = \log_a(a^p)^k = \log_a a^{kp} = kp = k\log_a M$$

が成り立つことがわかる．つまり，指数法則から **対数法則** とよばれる次の関係式が導かれる.

---

10) **答 (練習 6.2)** (1) $\log_3 \frac{1}{27} = -3$　(2) $2^5 = 32$

> **定理 6.2 (対数法則)**
>
> $a > 0$, $a \neq 1$, $M > 0$, $N > 0$, $k \in \mathbb{R}$ とするとき, 次が成り立つ.
>
> (1) $\log_a MN = \log_a M + \log_a N$
>
> (2) $\log_a \dfrac{M}{N} = \log_a M - \log_a N$
>
> (3) $\log_a M^k = k \log_a M$

例 6.3　(1) $\log_6 3 + \log_6 12 = \log_6 (3 \times 12) = \log_6 36 = \log_6 6^2 = 2$

(2) $\log_2 6 - \log_2 3 = \log_2 \dfrac{6}{3} = \log_2 2 = 1$　　　　■

> **練習 6.3** [11)]　次の式を簡単にしなさい.
>
> (1) $\log_8 4 + \log_8 16$　　　(2) $\log_4 32 - \log_4 2$

6.4　底 の 変 換

　底が 10 である常用対数は, 関数電卓や常用対数表を用いることによって, その近似値を小数で求めることができる. 例えば, 関数電卓を用いて常用対数の近似値 (小数第 5 位を四捨五入) をそれぞれ求めてみると

$$\log_{10} 2 \approx 0.3010, \quad \log_{10} 3 \approx 0.4771, \quad \log_{10} 7 \approx 0.8451 \quad \cdots (\clubsuit)$$

である. これらの近似値を利用すれば, 次のようにして常用対数の近似値を計算することができる.

例 6.4　常用対数 $\log_{10} 6$, $\log_{10} 5$, $\log_{10} \dfrac{1}{4}$ の近似値をそれぞれ小数で表すと, $(\clubsuit)$ より

$$\log_{10} 6 = \log_{10} (2 \times 3) = \log_{10} 2 + \log_{10} 3$$
$$\approx 0.3010 + 0.4771 = 0.7781$$
$$\log_{10} 5 = \log_{10} \dfrac{10}{2} = \log_{10} 10 - \log_{10} 2$$
$$\approx 1 - 0.3010 = 0.6990$$

11)　答 (練習 **6.3**)　(1) 2　(2) 2

$$\log_{10} \frac{1}{4} = \log_{10} \frac{1}{2^2} = \log_{10} 1 - 2\log_{10} 2$$
$$\approx 0 - 2 \times 0.3010 = -0.6020 \qquad \blacksquare$$

練習 6.4 [12] 次の常用対数の近似値を小数で表しなさい。ただし、最後に小数第 5 位を四捨五入して答えること。なお、必要があれば (♣) (p.128) の近似値を用いてよい。

(1) $\log_{10} 12$ (2) $\log_{10} 15$ (3) $\log_{10} \frac{1}{14}$

では、底が 10 ではない一般の対数の近似値を小数で表すことはできないのだろうか？じつは、次の **底の変換公式** を用いることで、常用対数の近似値さえわかれば求めることができる。

定理 6.3 (底の変換公式)

a, M, c はいずれも 1 ではない正の数とする。このとき、次が成り立つ。

$$\log_a M = \frac{\log_c M}{\log_c a}$$

証明 $p = \log_a M$ とおくと、対数の定義から

$$a^p = M$$

である。ここで、両辺に対して底が c の対数をとると、

$$\log_c a^p = \log_c M$$

であるが、左辺は対数法則 (3) と p の定義を用いると

$$\log_c a^p = p \log_c a = \log_a M \cdot \log_c a$$

と変形できる。ここで、$a \neq 1$ より $\log_c a \neq 0$ であるから、

$$\log_a M \cdot \log_c a = \log_c M$$

の両辺を $\log_c a \neq 0$ で割ると与式が得られる。   □

---

12) 答 (練習 6.4)   (1) 1.0791   (2) 1.1761   (3) -1.1461

例 6.5 $\log_2 5$ を小数で表してみよう. まずは, 底の変換公式 (定理 6.3) を用いて常用対数で表すと $\log_2 5 = \dfrac{\log_{10} 5}{\log_{10} 2}$ である. ここで, 関数電卓を用いて分母と分子の常用対数の近似値 (小数第 5 位を四捨五入) をそれぞれ求めると $\log_{10} 5 \approx 0.6990$, $\log_{10} 2 \approx 0.3010$ であるから, $\log_2 5 = \dfrac{\log_{10} 5}{\log_{10} 2} \approx \dfrac{0.6990}{0.3010} \approx 2.3223$ と表せる. ただし, 最後の近似は小数第 5 位を四捨五入した[13]. ∎

練習 6.5 [14)   次の対数を小数で表しなさい. ただし, 最後に小数第 5 位を四捨五入して答えること. なお, 必要があれば (♣) (p.128) の近似値を用いてよい.

(1) $\log_2 10$ (2) $\log_2 6$

6.5　対数関数とグラフ

対数において, 真数が独立変数であるような関数を対数関数という. 一般に, $a > 0$, $a \neq 1$ に対して,

$$y = \log_a x$$

を, a を 底 とする x の 対数関数 という. 定義域は真数条件より $x > 0$ で, 値域は $\mathbb{R}$ である. なお, 対数の定義より

$$y = \log_a x \quad \Leftrightarrow \quad x = a^y$$

であるから, 指数関数と対数関数は互いに逆関数の関係にあることに注意しよう. このことから, 対数関数のグラフは, 指数関数のグラフを直線 $y = x$ に関して対称移動したものとなる.

例 6.6   対数関数 $y = \log_2 x$, $y = \log_{\frac{1}{2}} x$ のグラフをかこう. 前者の逆関数は $y = \log_2 x \Leftrightarrow x = 2^y$ より $y = 2^x$ であるから, 例 6.1

---

13) 実際に $2^{2.3223}$ を関数電卓を用いて計算してみよう. ただし, 近似計算なので 5 ちょうど にはならない.

14) 答 (練習 6.5)   (1) 3.3223   (2) 2.5850

(p.124) より 右の単調増加のグラフ
となる. 同様に, 後者の逆関数は
$y = \log_{\frac{1}{2}} x \Leftrightarrow x = \left(\frac{1}{2}\right)^y$ より
$y = \left(\frac{1}{2}\right)^x$ であるから, 例 6.1 より
右の単調減少のグラフとなる[15]. ■

一般に対数関数 $y = \log_a x$ のグラフ
は, $a > 1$ のとき単調増加, $0 < a < 1$
のとき単調減少であり, いずれの場合
も定義域は $x > 0$, 値域は $\mathbb{R}$ である.

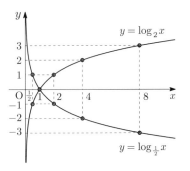

図 6.3 $y = \log_2 x$ と $y = \log_{\frac{1}{2}} x$ のグラフ

練習 6.6 [16) 対数関数 $y = \log_3 x$, $y = \log_{\frac{1}{3}} x$ の定義域, 値域を求め, グラフかきなさい.

最後に, 対数グラフについて紹介する. 例えば, 2 次関数 $y = x^2$ $(x > 0)$ において (左図), 両辺の常用対数をとると $\log_{10} y = \log_{10} x^2 = 2\log_{10} x$ である. ここで, $X = \log_{10} x$, $Y = \log_{10} y$ とおけば, この 2 次関数は $Y = 2X$ と 1 次関数で表される. これは, XY 平面において, 原点を通る傾き 2 の直線を表す (中図). そこで, x 軸, y 軸ともに, 常用対数をとると等間隔になるような目盛りを考え (**対数目盛り** という), そのような軸をもつ平面を **対数グラフ** といい (右図)[17), この平面で $y = x^2$ のグラフをかくと直線になる.

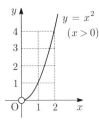
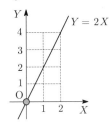
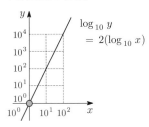

---

15) 対数関数を表す曲線が y 軸と接しているように見えるが, 実際は限りなく近づくだけで接することはない.

16) **答 (練習 6.6)** 定義域はいずれも $x > 0$, 値域はいずれも $\mathbb{R}$, グラフは巻末の略解 (p.174) に掲載.

17) 特に, この場合は両軸とも対数目盛りを用いるので **両対数グラフ** というが, 縦軸のみ対数目盛りを用いる **片対数グラフ** もある.

　対数グラフは，定義域あるいは値域の範囲が広いべき関数や指数関数の
グラフをかくときに有効である[18]．

第6章　章末問題

【A】　(答えは p.174)

1. 次の対数の値を求めなさい．存在しないときはそのように答えなさい．

(1) $\log_2 2$	(2) $\log_2 4$	(3) $\log_2 8$
(4) $\log_2 16$	(5) $\log_2 32$	(6) $\log_2 1024$
(7) $\log_2 1$	(8) $\log_2 0$	(9) $\log_2 (-1)$
(10) $\log_2 \dfrac{1}{2}$	(11) $\log_2 \dfrac{1}{4}$	(12) $\log_2 \dfrac{1}{64}$
(13) $\log_2 \sqrt{2}$	(14) $\log_2 2\sqrt{2}$	(15) $\log_2 \dfrac{1}{\sqrt{2}}$
(16) $\log_2 \dfrac{1}{\sqrt[3]{2}}$	(17) $\log_3 81$	(18) $\log_3 1$
(19) $\log_3 \dfrac{1}{243}$	(20) $\log_3 \dfrac{1}{9\sqrt{3}}$	

2. 次の対数の値を求めなさい．

(1) $3\log_2 4 - 2\log_2 6 + \log_2 18$ 　　　　(2) $2\log_{10}\sqrt{5} + \dfrac{1}{2}\log_{10} 4$

(3) $\log_2 3 \cdot \log_3 5 \cdot \log_5 8$

【B】　(答えは p.174)

1. 1,000,000 円を 1 年複利の年利 5 ％ で金融機関に預けたとする．本章冒頭の例
を参考に，以下の問いに答えなさい．なお，ここでの元利合計とは計算上の数値で
あって，税金や手数料等などは一切考慮しないとする．

(1) 1 年後，2 年後，3 年後，x 年後の元利合計を求めなさい (ただし，$x \geq 0$)．

(2) 元利合計が当初の元金 (1,000,000 円) のちょうど 2 倍となるのは何年後か，
対数を用いて答えなさい．なお，ここでは (1) で得られた式から論理的に
求めた値 (対数) を答えとする．

(3) 近似値 $\log_{10} 2 \approx 0.30103$, $\log_{10} 1.05 \approx 0.02119$ を用いて，(2) で求めた
対数の近似値を求めなさい．電卓を用いてよい．答えは小数第 2 位を四捨五入
した数で答えなさい．

---

18) べき関数は両対数グラフ，指数関数は片対数グラフでかくとそれぞれ直線になる．

7

微分と積分

この章では，べき関数や多項式関数のみを対象にした微分と積分について，定義と簡単な応用例を紹介する[1]．

7.1 微　　分

7.1.1　微分の定義

図 7.1 のように，なめらかな曲線で表される関数 $y = f(x)$ を考える．

これから家を出発してドライブだ！ 高速道路を使って諏訪湖まで行こう．原点 O を家，$y = f(x)$ は「家を出てからの時間」と「家からの移動距離」の関係を表しているとし，点 A を八王子インターチェンジ (以後，IC と表記する)，点 B を諏訪湖 IC とする．家を出てから a 時間後に八王子 IC に到着し，そこ

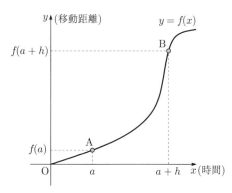

図 7.1　$y = f(x)$ のグラフ

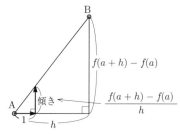

図 7.2　2 点 A，B を斜辺とする
直角三角形

---

1)　本書では厳密な説明や証明については省略する．また，三角関数や指数関数，対数関数など初等関数の微分積分については，「微分積分」 [13] を参照のこと．

133

からさらに h 時間後に諏訪湖 IC に着いたとする. このとき, 家から八王子 IC までの移動距離は $f(a)$, 家から諏訪湖 IC までの移動距離は $f(a+h)$ である.

八王子 IC から諏訪湖 IC までかかった時間は h で, その移動距離は $f(a+h) - f(a)$ であるから, 八王子 IC から諏訪湖 IC までの平均の速さ (AB 間の平均の速さ) は, 移動距離を時間で割って

$$\frac{f(a+h) - f(a)}{h}$$

と求まる. これを一般に, (点 A から点 B の) 平均変化率 という. この値は, 図 7.2 のような直角三角形を考えれば, 直線 AB の傾きと等しいことがわかる.

平均の速さは求まったが, 実際はこの速さを維持したままずっと走ることはまれで, 車の交通量が多ければ減速することもあろう. では, 八王子 IC を通過する「瞬間」の速さはどのくらいか, 考えてみよう. 八王子 IC から諏訪湖 IC まで h 時間かかったわけだが, 八王子 IC を通過する瞬間の速さを求めるのであれば, 八王子 IC から諏訪湖 IC までの平均の速さ $\dfrac{f(a+h) - f(a)}{h}$ において, $h = 0$ とすれば求まりそうである. そこで, 平均変化率の式に $h = 0$ を代入してみるが,

$$\frac{f(a+0) - f(a)}{0} = \frac{f(a) - f(a)}{0} = \frac{0}{0}$$

となり, 値が定まらない[2]. でも, 実際に八王子 IC を通過したとき, スピードメーターはある数値を指していたはずである. ここで極限の考え方が必要となる. $h = 0$ を代入すると値が定まらないので, 平均変化率の式で h を限りなく 0 に近づける, つまり $h \to 0$ とすると

$$\lim_{h \to 0} \frac{f(a+h) - f(a)}{h}$$

である. これが八王子 IC を通過する瞬間の速さである.

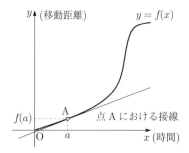

図 7.3 $y = f(x)$ のグラフで $h \to 0$ とした状況

----

2) $\frac{0}{0}$ は数ではない.

これは，図 7.3 からもわかるように，曲線 $y = f(x)$ の 点 A における 接線 の傾きと等しく，一般に (点 A における) 瞬間変化率 あるいは ($x = a$ における $f(x)$ の) 微分係数 という．

$x = a$ における $f(x)$ の微分係数

$$\lim_{h \to 0} \frac{f(a + h) - f(a)}{h}$$

を毎回このように書くのは大変なので，新しい記号を導入し，これを $f'(a)$ と表すことにする．つまり，

$$f'(a) = \lim_{h \to 0} \frac{f(a + h) - f(a)}{h}$$

と定義する[3]．つまり，曲線 $y = f(x)$ の $x = a$ における接線の傾きは $f'(a)$ である．この a は家を出てから八王子 IC までの時間であるが，これを別の IC や地点にすれば a の値も変化し，それに応じて $f'(a)$ の値も変化する．つまり，$f'(a)$ は a の関数となっている．ここで，a の代わりに独立変数の x を使い，

$$f'(x) = \lim_{h \to 0} \frac{f(x + h) - f(x)}{h}$$

としたものを $f(x)$ の 導関数 という．導関数は「微分係数の関数」と思えばよい．$f(x)$ から $f'(x)$ を求める操作を，($f(x)$ を x で) 微分する という．

7.1.2　べき関数の微分

では実際に，べき関数 $f(x) = x^{\alpha}$ （ $\alpha \in \mathbb{R}$ ） の導関数を求めてみよう．

まず最初に，一番簡単な $\alpha = 0$ の場合，つまり $f(x) = x^0 = 1$ という定数関数の場合を考える．このとき，$f(x + h) = 1$ であるから，

$$f'(x) = \lim_{h \to 0} \frac{f(x + h) - f(x)}{h} = \lim_{h \to 0} \frac{1 - 1}{h} = \lim_{h \to 0} \frac{0}{h} = 0$$

である．これは前項のように考えたとしても，定数関数 $f(x) = 1$ は y 方向に変化しないので瞬間変化率はつねに 0 であり，それゆえ導関数 $f'(x)$ が 0 であることがわかる．

次に，$\alpha = n \in \mathbb{N}$ のとき，$f(x) = x^n$ の導関数 $f'(x)$ を定義にしたがって求めると，

---

3)　もちろん，右辺の極限が存在するときのみ定義される．

$$f'(x) \;=\; \lim_{h \to 0} \frac{f(x+h) - f(x)}{h} \;=\; \lim_{h \to 0} \frac{(x+h)^n - x^n}{h}$$

$$= \lim_{h \to 0} \frac{\left(x^n + n\,x^{n-1}\,h + \frac{n(n-1)}{2}\,x^{n-2}\,h^2 + \cdots + h^n \right) - x^n}{h}$$

$$= \lim_{h \to 0} \left(n\,x^{n-1} + \frac{n(n-1)}{2}\,x^{n-2}\,h + \cdots + h^{n-1} \right)$$

$$= n\,x^{n-1} + \underbrace{\lim_{h \to 0} \left(\frac{n(n-1)}{2}\,x^{n-2}\,h + \cdots + h^{n-1} \right)}_{= 0} \;=\; n\,x^{n-1}$$

である. 途中, 二項定理 (p.51) を用いた[4].

続いて, $\underline{\alpha \in \mathbb{Z}\,, \ \alpha \in \mathbb{Q}\ \text{のとき}}$, $f(x) = x^{\alpha}$ の導関数 $f'(x)$ を定義にしたがって求めたいが, 二項定理を使うことができない. そこで, $\alpha = -1\,, \dfrac{1}{2}$ とした場合に, それらの導関数を求めてみよう.

例 7.1 関数 $g\left(\boxed{x} \right) = \boxed{x}^{\,-1} = \dfrac{1}{\boxed{x}}$, $k(x) = x^{\frac{1}{2}} = \sqrt{x}$ の導関数 $g'(x)\,, k'(x)$ を定義にしたがって求めると,

$$g'\left(\boxed{x} \right) \;=\; \lim_{h \to 0} \frac{g\left(\boxed{x+h} \right) - g\left(\boxed{x} \right)}{h} \;=\; \lim_{h \to 0} \frac{\dfrac{1}{\boxed{x+h}} - \dfrac{1}{\boxed{x}}}{h}$$

$$= \lim_{h \to 0} \frac{\dfrac{x - (x+h)}{x(x+h)}}{h} \;=\; \lim_{h \to 0} \frac{\dfrac{-h}{x(x+h)} \times \dfrac{1}{h}}{h \times \dfrac{1}{h}}$$

$$= -\lim_{h \to 0} \frac{1}{x(x+h)} \;=\; -\frac{1}{x^2}$$

$$k'(x) \;=\; \lim_{h \to 0} \frac{k(x+h) - k(x)}{h} \;=\; \lim_{h \to 0} \frac{\sqrt{x+h} - \sqrt{x}}{h}$$

$$= \lim_{h \to 0} \frac{\left(\sqrt{x+h} - \sqrt{x} \right) \times \left(\sqrt{x+h} + \sqrt{x} \right)}{h \times \left(\sqrt{x+h} + \sqrt{x} \right)}$$

$$= \lim_{h \to 0} \frac{(x+h) - x}{h \left(\sqrt{x+h} + \sqrt{x} \right)} \;=\; \lim_{h \to 0} \frac{h}{h \left(\sqrt{x+h} + \sqrt{x} \right)}$$

---

[4] $n \in \mathbb{N}$ なので二項定理が使える.

$$= \lim_{h \to 0} \frac{1}{\sqrt{x+h} + \sqrt{x}} = \frac{1}{2\sqrt{x}} \qquad \blacksquare$$

これらの計算方法を参考にすると, 一般の場合にも

$$g(x) = x^{-n} = \frac{1}{x^n}, \quad k(x) = x^{\frac{1}{n}} = \sqrt[n]{x} \quad (n \in \mathbb{N})$$

の導関数 $g'(x)$, $k'(x)$ を求めることができる. 実際に, 次の展開式

$$a^n - b^n = (a - b)(a^{n-1} + a^{n-2}b + a^{n-3}b^2 + \cdots + ab^{n-2} + b^{n-1})$$

を利用することによって[5], 以下のように求められる.

まず, $g(x) = \dfrac{1}{x^n}$ において $a = x + h$, $b = x$ とおくと,

$$\frac{g(x+h) - g(x)}{h} = \frac{1}{h}\left(\frac{1}{(x+h)^n} - \frac{1}{x^n}\right) = \frac{1}{a-b}\left(\frac{1}{a^n} - \frac{1}{b^n}\right)$$

$$= \frac{1}{a-b} \cdot \frac{b^n - a^n}{a^n b^n} = -\frac{a^n - b^n}{a-b} \cdot \frac{1}{a^n b^n}$$

$$= -\frac{a^{n-1} + a^{n-2}b + a^{n-3}b^2 + \cdots + ab^{n-2} + b^{n-1}}{a^n b^n}$$

である. このとき, $\lim\limits_{h \to 0} a = \lim\limits_{h \to 0}(x+h) = x$, $\lim\limits_{h \to 0} b = \lim\limits_{h \to 0} x = x$ であるから,

$$g'(x) = \lim_{h \to 0} \frac{g(x+h) - g(x)}{h}$$

$$= -\lim_{h \to 0} \frac{a^{n-1} + a^{n-2}b + a^{n-3}b^2 + \cdots + ab^{n-2} + b^{n-1}}{a^n b^n}$$

$$= -\frac{x^{n-1} + x^{n-2}x + x^{n-3}x^2 + \cdots + x x^{n-2} + x^{n-1}}{x^n x^n}$$

$$= -\frac{x^{n-1} + x^{n-1} + x^{n-1} + \cdots + x^{n-1} + x^{n-1}}{x^{2n}} = -\frac{n x^{n-1}}{x^{2n}}$$

$$= -\frac{n x^{n-1}}{x^{(n+1)+(n-1)}} = -\frac{n x^{n-1}}{x^{n+1} x^{n-1}} = -\frac{n}{x^{n+1}} = -n x^{-(n+1)}$$

同様に, $k(x) = \sqrt[n]{x}$ において $a = \sqrt[n]{x+h}$, $b = \sqrt[n]{x}$ とおくと

---

5) この方法は $f(x) = x^n$ $(n \in \mathbb{N})$ の導関数 $f'(x)$ を求める際にも有効である.

$$\frac{k(x+h)-k(x)}{h} = \frac{\sqrt[n]{x+h}-\sqrt[n]{x^n}}{h} = \frac{a-b}{a^n-b^n}$$

$$= \frac{1}{a^{n-1}+a^{n-2}b+a^{n-3}b^2+\cdots+ab^{n-2}+b^{n-1}}$$

である. このとき, $\displaystyle\lim_{h\to0}a = \lim_{h\to0}\sqrt[n]{x+h} = \sqrt[n]{x}$, $\displaystyle\lim_{h\to0}b = \lim_{h\to0}\sqrt[n]{x}$
$= \sqrt[n]{x}$ であるから,

$$k'(x) = \lim_{h\to0}\frac{k(x+h)-k(x)}{h}$$

$$= \lim_{h\to0}\frac{1}{a^{n-1}+a^{n-2}b+a^{n-3}b^2+\cdots+ab^{n-2}+b^{n-1}}$$

$$= \frac{1}{n\left(\sqrt[n]{x}\right)^{n-1}} = \frac{1}{n}x^{\frac{1}{n}-1}$$

以上の結果をまとめると,

$$(x^0)' = 0, \qquad\qquad (x^n)' = nx^{n-1},$$
$$(x^{-n})' = -nx^{-n-1}, \quad (x^{\frac{1}{n}})' = \frac{1}{n}x^{\frac{1}{n}-1}$$

である. このことから, $\alpha = 0,\ n,\ -n,\ \dfrac{1}{n}\ (n\in\mathbb{N})$ のいずれの場合でも,

$$(x^\alpha)' = \alpha x^{\alpha-1}$$

が成り立つことがわかる. じつは, α が整数, 有理数だけでなく実数に対しても

$$(x^\alpha)' = \alpha x^{\alpha-1} \quad (\alpha\in\mathbb{R})$$

が成り立つことが, 微分積分学の種々の定理を用いることによって証明できる[6].

> **定理 7.1 (べき関数の微分公式)**
>
> べき関数 $f(x) = x^\alpha\ (\alpha\in\mathbb{R})$ の導関数は
> $$f'(x) = (x^\alpha)' = \alpha x^{\alpha-1}$$
> である.

---

6) この過程の証明については, 「微分積分」[13] を参照のこと.

注意　特に，$\alpha = 0,\ n,\ -n,\ \dfrac{1}{n}$　$(n \in \mathbb{N})$　とすれば，

(1)　$(1)' = (x^0)' = 0\,x^{-1} = 0$

(2)　$(x^n)' = n\,x^{n-1}$

(3)　$\left(\dfrac{1}{x^n}\right)' = (x^{-n})' = -n\,x^{-n-1} = -\dfrac{n}{x^{n+1}}$

(4)　$(\sqrt[n]{x})' = (x^{\frac{1}{n}})' = \dfrac{1}{n}\,x^{\frac{1}{n}-1} = \dfrac{1}{n\,(\sqrt[n]{x})^{n-1}}$

練習 **7.1** [7)]　次の関数 $f(x)$ の導関数 $f'(x)$ を定義にしたがって求めなさい．

　　(1)　$f(x) = x^3$　　　(2)　$f(x) = \dfrac{1}{x^2}$　　　(3)　$f(x) = \sqrt[3]{x}$

　べき関数の導関数は求めることができたが，これらの 定数倍，和，積，商 の導関数はどうなるだろうか？ 一般に，関数の定数倍，和，積，商の導関数はそれぞれ次の形で表される．

定理 **7.2** (微分公式)

$a, b, c \in \mathbb{R}$，f, g は x の関数であるとする．このとき，次が成り立つ．

(1)　$(a\,f + b\,g)' = a\,f' + b\,g'$

(2)　$(f\,g)' = f'\,g + f\,g'$

(3)　$\left(\dfrac{f}{g}\right)' = \dfrac{f'\,g - f\,g'}{g^2}$

証明　導関数の定義にしたがって計算する．

　(1) $(a\,f + b\,g)'$

$$= \lim_{h \to 0} \frac{\{a\,f(x+h) + b\,g(x+h)\} - \{a\,f(x) + b\,g(x)\}}{h}$$

$$= a \cdot \lim_{h \to 0} \frac{f(x+h) - f(x)}{h} + b \cdot \lim_{h \to 0} \frac{g(x+h) - g(x)}{h}$$

$$= a\,f' + b\,g'$$

---

7)　答 (練習 **7.1**)　　(1) $f'(x) = 3x^2$　(2) $f'(x) = -\dfrac{2}{x^3}$　(3) $f'(x) = \dfrac{1}{3\sqrt[3]{x^2}}$

(2) $(f g)' = \displaystyle\lim_{h \to 0} \frac{f(x+h)\, g(x+h) - f(x)\, g(x)}{h}$

$= \displaystyle\lim_{h \to 0} \frac{f(x+h)\, g(x+h) \overbrace{- f(x)\, g(x+h) + f(x)\, g(x+h)}^{=0} - f(x)\, g(x)}{h}$

$= \displaystyle\lim_{h \to 0} \left(\frac{f(x+h) - f(x)}{h} \cdot g(x+h) + f(x) \cdot \frac{g(x+h) - g(x)}{h} \right)$

$= f'\, g + f\, g'$

(3) $\left(\dfrac{f}{g} \right)' = \displaystyle\lim_{h \to 0} \frac{\dfrac{f(x+h)}{g(x+h)} - \dfrac{f(x)}{g(x)}}{h}$

$\qquad = \displaystyle\lim_{h \to 0} \frac{f(x+h)\, g(x) - f(x)\, g(x+h)}{h\, g(x+h)\, g(x)}$

$\qquad = \displaystyle\lim_{h \to 0} \frac{f(x+h)\, g(x) \overbrace{- f(x)\, g(x) + f(x)\, g(x)}^{=0} - f(x)\, g(x+h)}{h\, g(x+h)\, g(x)}$

$\qquad = \displaystyle\lim_{h \to 0} \left(\frac{f(x+h) - f(x)}{h} \cdot \frac{g(x)}{g(x+h)\, g(x)} \right)$

$\qquad\quad - \displaystyle\lim_{h \to 0} \left(\frac{f(x)}{g(x+h)\, g(x)} \cdot \frac{g(x+h) - g(x)}{h} \right)$

$\qquad = f' \cdot \dfrac{g}{g^2} - \dfrac{f}{g^2} \cdot g' = \dfrac{f'\, g - f\, g'}{g^2}$ ☐

例 7.2

(1) $\left(x^4 - 3x^3 + 6 - \dfrac{2}{x} \right)' = (x^4)' - 3\,(x^3)' + 6 \cdot (1)' - 2 \left(\dfrac{1}{x} \right)'$

$\quad = 4x^3 - 3 \cdot 3x^2 + 6 \cdot 0 - 2\left(-\dfrac{1}{x^2} \right) = 4x^3 - 9x^2 + \dfrac{2}{x^2}$

(2) $\Big((x-3)(x^2 - 2x + 2) \Big)'$

$\quad = (x-3)'(x^2 - 2x + 2) + (x-3)(x^2 - 2x + 2)'$

$\quad = 1 \cdot (x^2 - 2x + 2) + (x-3) \cdot (2x - 2) = 3x^2 - 10x + 8$

(3) $\left(\dfrac{x-1}{x^2-x+1}\right)' = \dfrac{(x-1)'(x^2-x+1)-(x-1)(x^2-x+1)'}{(x^2-x+1)^2}$

$\qquad = \dfrac{1\cdot(x^2-x+1)-(x-1)\cdot(2x-1)}{(x^2-x+1)^2} = \dfrac{-x^2+2x}{(x^2-x+1)^2}$ ∎

練習 7.2 [8)]　次の関数を x で微分しなさい.

(1)　$4x\sqrt{x}-\dfrac{2}{\sqrt{x}}+\pi$　　　　(2)　$(x^3+1)\left(x^2-3+\dfrac{2}{x}\right)$

(3)　$\dfrac{x^4-1}{x^2+2x+3}$　　　　　　(4)　$\dfrac{1}{x^2-4\sqrt{x}+3}$

7.1.3　合成関数の微分

関数 $y=(2x-1)^3$ は,

$$y=u^3, \qquad u=2x-1$$

という2つの関数が組み合わさっている. このように, 関数の中に関数が入り込んでいるような関数を **合成関数** という. 本項では, 合成関数の微分について考察する.

合成関数 $(2x-1)^3$ を x で微分してみよう. 微分公式より $\left(x^3\right)'=3x^2$ であるから, この x を $2x-1$ とみて

$$\left((2x-1)^3\right)' = 3(2x-1)^2$$

となるだろうか? これを確かめるために, 実際に展開してから微分すると

$$\left((2x-1)^3\right)' = \left(8x^3-12x^2+6x-1\right)'$$
$$= 24x^2-24x+6 = 6(4x^2-4x+1)$$
$$= 6(2x-1)^2 = 3(2x-1)^2\cdot\underline{2}$$

となり, 異なる結果がでた. そう, 先の考え方は間違っているのである.

では, 合成関数の微分はどう考えればいいのか? 実際に, 導関数の定義にしたがって合成関数を微分すると次の定理が得られる.

---

8)　**答 (練習 7.2)**　　(1) $6\sqrt{x}+\dfrac{1}{x\sqrt{x}}$　(2) $5x^4-9x^2+6x-\dfrac{2}{x^2}$

(3) $\dfrac{2(x^5+3x^4+6x^3+x+1)}{(x^2+2x+3)^2}$　(4) $\dfrac{2(1-x\sqrt{x})}{\sqrt{x}\,(x^2-4\sqrt{x}+3)^2}$

> **定理 7.3 (合成関数の微分公式)**
>
> x の関数を □ とおいたとき，y が □ の関数として書けたとする．
> つまり，
> $$y = f\left(\;□\;\right), \qquad □ = (\,x\text{の関数}\,)$$
> とするとき，y を x で微分すると以下のようになる．
> $$\underbrace{y'}_{\substack{y \text{ を } x \text{ で微分}}} \;=\; \underbrace{f'\left(\;□\;\right)}_{\substack{f(□) \text{ を } □ \text{ で微分}}} \;\cdot\; \underbrace{□\,'}_{\substack{□ \text{ を } x \text{ で微分}}}$$

証明 □ $= g(x)$ とおき，合成関数 $y = f(\,g(x)\,)$ の導関数を定義にしたがって計算する．
$$g(x + h) - g(x) = k$$
とおくと，$h \to 0$ のとき $k \to 0$ であるから[9]，

$$
\begin{aligned}
\left(f(\,g(x)\,)\right)' &= \lim_{h \to 0} \frac{f(g(x+h)) - f(g(x))}{h} \\
&= \lim_{h \to 0} \frac{f(g(x+h)) - f(g(x))}{g(x+h) - g(x)} \cdot \frac{g(x+h) - g(x)}{h} \\
&= \lim_{h \to 0} \frac{f(g(x+h)) - f(g(x))}{g(x+h) - g(x)} \cdot \lim_{h \to 0} \frac{g(x+h) - g(x)}{h} \\
&= \lim_{k \to 0} \frac{f(g(x) + k) - f(g(x))}{k} \cdot \lim_{h \to 0} \frac{g(x+h) - g(x)}{h} \\
&= f'(\,g(x)\,) \cdot g'(x) \qquad\qquad\qquad \square
\end{aligned}
$$

この定理を使って，本節冒頭の微分を再度計算してみよう．$2x - 1 = □$ とおくと
$$
\begin{aligned}
\left(\boxed{2x-1}^{\,3}\right)' = \left(□^{\,3}\right)' &= 3\,□^{\,2} \cdot □\,' \\
&= 3\,\boxed{2x-1}^{\,2} \cdot \underbrace{\boxed{2x-1}\,'}_{=\,2} = 6\,(2x-1)^2
\end{aligned}
$$

---

9) 正確には $h \neq 0$ でも $g(x+h) - g(x) = 0$ となる場合があり，そのことを考慮しないといけないが，「高位の無限小」などの知識を必要とするため本書ではふれない．必要に応じて，参考文献 [9] を参照のこと．

となる. そう, 先の展開して得られた導関数の最後に付いている $\cdot 2$ という
のは $\boxed{2x-1}' = 2$ が掛かっていたということなのである.

例 7.3 $y = \sqrt{1-x^2}$ のとき, y' を求めよう. 合成関数の微分公式より

$$y' = \left(\sqrt{\boxed{1-x^2}}\right)' = \left(\sqrt{\blacksquare}\right)' = \frac{1}{2\sqrt{\blacksquare}} \cdot \blacksquare'$$

$$= \frac{1}{2\sqrt{\boxed{1-x^2}}} \cdot \underbrace{\boxed{1-x^2}'}_{=-2x} = -\frac{x}{\sqrt{1-x^2}} \qquad \blacksquare$$

練習 7.3 [10)]　次の合成関数の微分を求めなさい.

(1)　$y = (x^2 - 2x + 3)^{100}$　　　(2)　$y = \sqrt[4]{(x^2+1)^3}$

7.1.4　接線の方程式

7.1.1 項で $y = f(x)$ の $x = a$ における接線の傾きは, その点の微分係数
$f'(a)$ であることを述べた. では, 実際に接線の方程式を求めてみよう.

例 7.4　$y = \boxed{x^2 - 2x}$ の $x = \boxed{-1}$ における接線の方程式を求めよ
う. まずは, 考察しやすいよう

$$f(x) = \boxed{x^2 - 2x}$$

とおく. $f(x)$ の $x = \boxed{-1}$ における接線の傾きは, そこでの微分係数
$f'\left(\boxed{-1}\right)$ と等しいので,

$$f'(x) = \boxed{x^2 - 2x}' = 2x - 2$$

より

$$f'\left(\boxed{-1}\right) = 2 \cdot \left(\boxed{-1}\right) - 2 = -4$$

である[11)]. よって, 求める接線の y 切片を b とすれば

---

10)　**答 (練習 7.3)**　(1) $y = 200(x-1)(x^2 - 2x + 3)^{99}$　(2) $y = \frac{3x}{2\sqrt[4]{x^2+1}}$

11)　$f'(a)$ を求めるには, まず $f'(x)$ を求めてから $x = a$ を代入する. くれぐれも
代入してから微分することのないように気をつけること.

$$y \;=\; -4x + b$$

と書ける. また, この接線は, $y = f(x)$ のグラフと $x = \boxed{-1}$ で接して
いるので, その接点の y 座標は

$$f\left(\boxed{-1}\right) \;=\; \boxed{\left(\boxed{-1}\right)^2 - 2 \cdot \left(\boxed{-1}\right)} \;=\; 1 + 2 \;=\; 3$$

である. つまり, この接線は点 $(-1, 3)$ を通る
ので, 先の接線の方程式で $x = -1$, $y = 3$ を
代入して b を求めると

$$3 \;=\; -4 \cdot (-1) + b$$

より $b = -1$ となる. これより, 求める接線
の方程式は

$$y \;=\; -4x - 1$$

である[12].

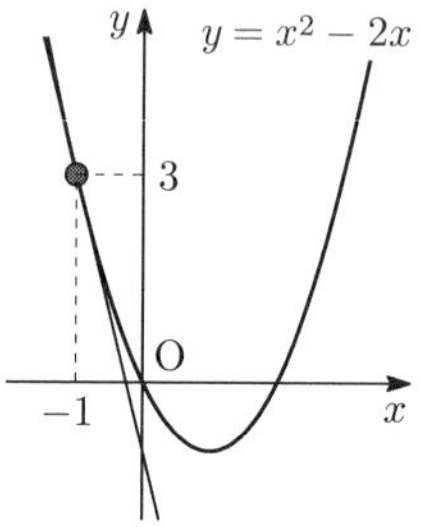

図 7.4　例 7.4 の状況

練習 7.4 [13]　関数 $y = -x^2 + 2x + 1$ の $x = 2$ における接線の方程
式を求めなさい.

7.2　積　　分

7.2.1　不定積分の定義

関数 $\dfrac{1}{3}x^3$ を微分すると x^2 である. 逆に, 微分して x^2 になる関数は何か?
もちろん, $\dfrac{1}{3}x^3$ は

$$\left(\frac{1}{3}x^3\right)' \;=\; x^2$$

であるからその答えであるが, 例えば $\dfrac{1}{3}x^3 + 1$ や $\dfrac{1}{3}x^3 - \pi$ を微分しても

$$\left(\frac{1}{3}x^3 + 1\right)' \;=\; x^2, \qquad \left(\frac{1}{3}x^3 - \pi\right)' \;=\; x^2$$

---

12)　関数 $y = f(x)$ の $x = a$ における接線の方程式は $y = f'(a)(x - a) + f(a)$ で
与えられる.

13)　答 (練習 **7.4**)　$y = -2x + 5$

であるから, これらの関数も答えである.

一般に, 微分すると $f(x)$ になるような関数を $f(x)$ の **原始関数** といい, $F(x)$ などと表す. つまり, $\boxed{f(x)}$ の原始関数 $\boxed{F(x)}$ は

$$\left(\boxed{F(x)} \right)' = \boxed{f(x)}$$

を満たす関数のことである. 先の例でいえば,

$$\left(\frac{1}{3}x^3 \right)' = \boxed{x^2}$$

であるから, $\frac{1}{3}x^3$ は $\boxed{x^2}$ の原始関数である. また,

$$\left(\frac{1}{3}x^3 + 1 \right)' = \boxed{x^2}, \qquad \left(\frac{1}{3}x^3 - \pi \right)' = \boxed{x^2}$$

でもあるので, $\frac{1}{3}x^3 + 1$ や $\frac{1}{3}x^3 - \pi$ も $\boxed{x^2}$ の原始関数である.

このように, 関数 $f(x)$ の原始関数は複数存在することがわかる. 実際, $f(x)$ の原始関数の1つを $F(x)$ とすると, $f(x)$ のすべての原始関数は

$$F(x) + C \quad (C \in \mathbb{R})$$

と表すことができる. なぜならば, $f(x)$ の原始関数を $F(x)$, $G(x)$ とすると, 原始関数の定義より

$$F'(x) = f(x), \qquad G'(x) = f(x)$$

であるが, ここで $G(x) - F(x)$ を微分すると

$$\left(G(x) - F(x) \right)' = G'(x) - F'(x) = f(x) - f(x) = 0$$

となるので,

$$G(x) - F(x) = C \quad (C \in \mathbb{R})$$

と表せるからである[14].

関数 $f(x)$ が与えられたとき, $f(x)$ のすべての原始関数の集まりを, $f(x)$ の **不定積分** といい,

---

14) 厳密には,「平均値の定理」(「微分積分」[13] 1.9 節) を用いることで証明できる.

$$\int f(x)\,dx$$

と表す. 先の考察により, $f(x)$ の 1 つの原始関数を $F(x)$ とすると,

$$\int f(x)\,dx \;=\; F(x) + C \quad (C \in \mathbb{R})$$

であることがわかる. このとき, $f(x)$ を **被積分関数**, C を **積分定数** という.

本書では以後, 積分定数の C について $C \in \mathbb{R}$ と明記せずに使用する.

例 7.5 実際に, 具体的な関数の不定積分を求めてみよう. 以下の方法は少し時間がかかるかもしれないが, 積分公式を覚える必要がなく[15], 慣れればすぐに求めることができるので, ここでがんばって訓練しておこう.

(1) 不定積分 $\displaystyle\int x^{10}\,dx$ を求める.

$$\int \boxed{x^{10}} \; dx \;=\; \boxed{F(x)} + C$$

とおくと, $\left(\boxed{F(x)} \right)' = \boxed{x^{10}}$ である. 微分して $\boxed{x^{10}}$ が現れる関数として, とりあえず指数が 1 増えた x^{11} を微分してみると[16]

$$\left(x^{11} \right)' \;=\; 11 \cdot \boxed{x^{10}}$$

となる. ところが, 右辺の $\boxed{x^{10}}$ の係数の 11 が邪魔なので, 考えている x^{11} をその邪魔な 11 で割った $\dfrac{1}{11}x^{11}$ をあらためて微分してみると

$$\left(\boxed{\dfrac{1}{11}x^{11}} \right)' \;=\; \boxed{x^{10}}$$

となるので, $\boxed{F(x) \;=\; \dfrac{1}{11}x^{11}}$ である. よって, 求める不定積分は

---

15) その代わり, 微分公式はしっかりと理解しておかないといけない.

16) 頭の中で微分公式を思い浮かべよう. べき関数の微分は $\left(x^n \right)' = n\,x^{n-1}$ と指数が 1 減るので, いまの場合は指数が 1 増えた x^{11} を原始関数の候補として思い浮かべ, $\left(x^{11} \right)' = 11x^{10}$ をすぐに連想できるようにすればよい.

$$\int \boxed{x^{10}} \ dx \ = \ \boxed{\frac{1}{11}x^{11}} + C$$

である[17]).

(2) 不定積分 $\displaystyle\int \frac{1}{x^4} \ dx$ を求める. $\boxed{\dfrac{1}{x^4}}$ の原始関数の 1 つを $F(x)$ とすると,

$$\int \boxed{\frac{1}{x^4}} \ dx \ = \ F(x) + C$$

と表せる. このとき, 原始関数の定義から

$$\left(F(x) \right)' \ = \ \boxed{\frac{1}{x^4}} \ = \ \boxed{x^{-4}}$$

である. 微分して $\boxed{x^{-4}}$ が現れる関数として, とりあえず指数を 1 増やした x^{-3} を微分してみると

$$\left(x^{-3} \right)' \ = \ -3 \cdot \boxed{x^{-4}}$$

となる. ところが, 右辺の $\boxed{x^{-4}}$ の係数の -3 が邪魔なので, 考えている x^{-4} をその邪魔な -3 で割った $-\dfrac{1}{3}x^{-3}$ をあらためて微分してみると

$$\left(-\frac{1}{3}x^{-3} \right)' \ = \ \boxed{x^{-4}}$$

となるので, $F(x) = -\dfrac{1}{3}x^{-3} = -\dfrac{1}{3x^3}$ である. よって, 求める不定積分は

$$\int \boxed{\frac{1}{x^4}} \ dx \ = \ -\frac{1}{3x^3} + C$$

である.

例 7.5 の具体例を参考にすると, 一般のべき関数 $y = x^{\alpha} \ (\alpha \in \mathbb{R})$ の不定積分は $\alpha \neq -1$ の場合には容易にみつけることができる.

---

17) x の 1 つの原始関数として $\frac{1}{11}x^{11}+1$ を考えてもよい. この場合, $\int x^{10} \, dx = \frac{1}{11}x^{11}+1+C$ となるが, $1+C$ をあらためて C' などとおけば先と同じ答えとなる.

┌─ べき関数の不定積分 ────────────────────────┐

べき関数 $y = x^\alpha$ $(\alpha \in \mathbb{R})$ の不定積分は

$$\int x^\alpha \, dx \;=\; \frac{1}{\alpha + 1} \, x^{\alpha+1} + C \qquad (\alpha \neq -1)$$

└──────────────────────────────────────┘

┌─────────────────────────────────────┐

練習 7.5 [18)]　次の不定積分を求めなさい.

(1)　$\displaystyle \int (x^3 + x^2 - 1) \, dx$　　　　(2)　$\displaystyle \int \left(\frac{1}{x^2} - \frac{1}{x^3} \right) dx$

(3)　$\displaystyle \int \left(3\sqrt{x} + \frac{1}{\sqrt{x}} \right) dx$

└─────────────────────────────────────┘

7.2.2　定積分の定義

ここでは, 定積分 の定義を説明する. 微分と 不定積分 の関係は前項でみたとおりだが, 微分と 定積分 の関係はどうだろうか?

$a, b \in \mathbb{R}$,　$a < b$ とする. 区間 $[a, b]$ で連続な曲線 $y = f(x)$ と x 軸, 2 直線 $x = a$, $x = b$ とで囲まれた部分の 符号付き面積 を

$$\int_a^b f(x) \, dx$$

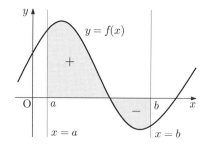

図 7.5　定積分 $\displaystyle \int_a^b f(x) \, dx$

(図の網掛け部分の符号付き面積)

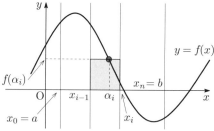

図 7.6　小長方形の符号付き面積 S_i
（網掛け部分）

と表し, それを $f(x)$ の $x = a$ から $x = b$ までの **定積分** という. 符号付き面積は, その区間内の x 軸の上側にある面積を「正の面積」, x 軸の下側にある面積を「負の面積」として, それぞれを足し合わせたものと定義する[19].

　具体的には, 定積分は次のように定義される. 区間 $[a, b]$ を n 個の小区間 $[x_{i-1}, x_i]$ $(i = 1, 2, \ldots, n)$ に分割する. $a = x_0$, $b = x_n$ とし, 各小区間 $[x_{i-1}, x_i]$ 内の 1 点を α_i とすると, 小長方形の符号付き面積 S_i は

$$S_i = f(\alpha_i)(x_i - x_{i-1})$$

となる[20]. これを区間 $[a, b]$ について考えて合計すると $\sum_{i=1}^{n} S_i$ である[21]. ここで, 小区間の幅を 0 に近づける (分割の数 n を限りなく大きくする) と $\lim_{n \to \infty} \sum_{i=1}^{n} S_i$ となり, この極限がある一定の実数値をとるならば, その値は $y = f(x)$ と x 軸, 2 直線 $x = a$, $x = b$ とで囲まれた部分の符号付き面積となり, それを $\int_a^b f(x)\, dx$ と表す. つまり,

$$\int_a^b f(x)\, dx = \lim_{n \to \infty} \sum_{i=1}^{n} S_i$$

である.

　ここで, 定積分と微分を結びつけるのが次の基本定理である.

> **定理 7.4 (微分積分学の基本定理)**
>
> $a < b$ とする. 関数 $f(x)$ が区間 $[a, b]$ で連続で, $f(x)$ の 1 つの原始関数を $F(x)$ とするとき, 次が成り立つ.
>
> $$\int_a^b f(x)\, dx = F(b) - F(a)$$
>
> ここで, $F(b) - F(a)$ のことを $\left[F(x) \right]_a^b$ と表すことにすると,
>
> $$\int_a^b f(x)\, dx = \left[F(x) \right]_a^b \quad \left(= F(b) - F(a) \right)$$

---

19) より正確には, 積分の区間を逆の $x = b$ から $x = a$ までとするとその面積の符号を変え, また区間が $x = a$ から $x = a$ までの場合は 0 とする, という定義も加わる.

20) $f(\alpha_i) < 0$ ならば, 確かに「負の面積」となることが実感できるであろう.

21) 和の記号 $\sum$ については p.38 を参照のこと.

この基本定理により，定積分は定義にしたがってわざわざ極限値を計算しなくとも，$f(x)$ の 1 つの原始関数がわかれば簡単に計算できてしまうのである．

例 7.6　(1) $\displaystyle \int_0^1 x^{10}\, dx = \left[\ \frac{1}{11} x^{11}\ \right]_0^1 = \frac{1}{11}\left(1^{11} - 0^{11}\right) = \frac{1}{11}$

(2) $\displaystyle \int_1^2 \frac{1}{x^2}\, dx = \left[\ -\frac{1}{x}\ \right]_1^2 = -\frac{1}{2} - \left(-\frac{1}{1}\right) = -\frac{1}{2} + 1 = \frac{1}{2}$

(3) $\displaystyle \int_{-\frac{1}{3}}^0 (3x+1)^{10}\, dx$ を計算したいが，原始関数がすぐに思い浮かばない．被積分関数の形から，以下のように合成関数の微分公式 (定理 7.3) を利用して原始関数を求める．まずは例 7.5 のように考える．

$$\int \boxed{(3x+1)^{10}}\, dx \ = \ \boxed{F(x)} + C$$

とおくと，$\left(\boxed{F(x)}\right)' = \boxed{(3x+1)^{10}}$ であるから，微分して $(3x+1)^{10}$ が現れる関数としてとりあえず $(3x+1)^{11}$ を微分してみる．すると，

$$\left(\,(3x+1)^{11}\,\right)' = 11 \cdot \boxed{(3x+1)^{10}} \cdot \underbrace{(3x+1)'}_{=\,3} = \textcircled{33} \cdot \boxed{(3x+1)^{10}}$$

となるから，$\dfrac{1}{\textcircled{33}}(3x+1)^{11}$ が原始関数の 1 つである．したがって，

$$\int_{-\frac{1}{3}}^0 (3x+1)^{10}\, dx = \left[\ \frac{1}{\textcircled{33}}(3x+1)^{11}\ \right]_{-\frac{1}{3}}^0 = \frac{1}{33}\left(1^{11} - 0^{11}\right) = \frac{1}{33}$$

となる．　　　　　　　　　　　　　　　　　　　　　　　　　　　　　　■

練習 7.6 [22)]　次の定積分を計算しなさい．

(1)　$\displaystyle \int_0^1 x^3\, dx$　　　　(2)　$\displaystyle \int_{-1}^1 x^4\, dx$　　　　(3)　$\displaystyle \int_1^2 \frac{1}{\sqrt{x}}\, dx$

---

22)　答 (練習 **7.6**)　(1) $\frac{1}{4}$　(2) $\frac{2}{5}$　(3) $2\sqrt{2} - 2$

7.2.3　面　　積

定積分の考えを応用すれば，ある区間で連続な 2 曲線 $y = f(x)$，$y = g(x)$ で囲まれた部分の面積を求めることも可能である．ただし，定積分は「符号付き」面積を表すので，吟味が必要である．

一般に，$a < b$ とするとき，2 曲線 $y = f(x)$，$y = g(x)$ が区間 $[\,a\,,\,b\,]$ でつねに

$$f(x) \;\geq\; g(x)$$

であるとする．このとき，この 2 曲線 $y = f(x)$，$y = g(x)$ と，2 直線 $x = a$，$x = b$ とで囲まれた部分の面積は

$$\int_a^b \Big(f(x) - g(x) \Big)\, dx$$

である．これは，まず 2 曲線 $y = f(x)$，$y = g(x)$ の一部が x 軸より下にある場合には，適当な実数 c を用いて $y = f(x) + c$，$y = g(x) + c$ とすることで，考える図形を変えることなく，2 曲線とも x 軸より上とすることができるので，先にそのような準備をしておく．そのうえで，定積分の定義より，$y = f(x) + c$ と x 軸，2 直線 $x = a$，$x = b$ とで囲まれた部分の面積から，$y = g(x) + c$ と x 軸，2 直線 $x = a$，$x = b$ とで囲まれた部分の面積を引くと考えればよい．

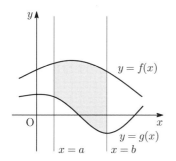 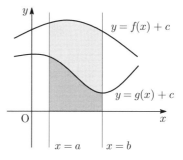

図 7.7　2 曲線 $y = f(x)$，$y = g(x)$ と 2 直線 $x = a$，$x = b$
とで囲まれた部分の面積

また，2 曲線 $y = f(x)$，$y = g(x)$ が図 7.8 のように 3 点 $x = a$，$x = b$，$x = c\ (a < b < c)$ で交わっているとするとき，この 2 曲線で囲まれた部分の面積の和 S は，区間 $[\,a\,,\,b\,]$ ではつねに $f(x) \geq g(x)$ であり，また区間 $[\,b\,,\,c\,]$ ではつねに $g(x) \geq f(x)$ であることに注意して

$$S = \int_a^b \Big(f(x) - g(x) \Big)\, dx + \int_b^c \Big(g(x) - f(x) \Big)\, dx$$

であることがわかる.

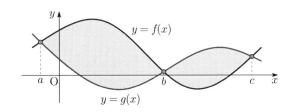

図 7.8   2曲線 $y = f(x)$, $y = g(x)$ で囲まれた部分の面積の和 S （網掛け部分）

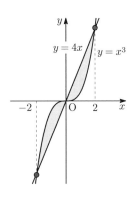

図 7.9   例 7.7 の状況

例 **7.7**   2曲線 $y = \boxed{x^3}$, $y = \boxed{4x}$ で囲まれた部分の面積の和 S を求めよう（図 7.9）. まず, これらの交点の x 座標を求めると

$$\boxed{x^3} = \boxed{4x}$$

より $x = -2,\, 0,\, 2$ である[23]. 区間 $[-2, 2]$ においてこれら2つの曲線は連続で, さらに区間 $[-2, 0]$ では $\boxed{x^3} \geq \boxed{4x}$, 区間 $[0, 2]$ では $\boxed{4x} \geq \boxed{x^3}$ であるから, 求める面積 S は以下のとおりである.

$$
\begin{aligned}
S &= \int_{-2}^0 \Big(\boxed{x^3} - \boxed{4x} \Big)\, dx + \int_0^2 \Big(\boxed{4x} - \boxed{x^3} \Big)\, dx \\
&= \left[\frac{1}{4}x^4 - 2x^2 \right]_{-2}^0 + \left[-\frac{1}{4}x^4 + 2x^2 \right]_0^2 \\
&= \left[(0 - 0) - \Big(\frac{1}{4}\cdot(-2)^4 - 2\cdot(-2)^2 \Big) \right] \\
&\quad + \left[\Big(-\frac{1}{4}\cdot 2^4 + 2\cdot 2^2 \Big) - \big(-0 + 0 \big) \right] = 8
\end{aligned}
$$

---

23) 高次方程式 $x^3 - 4x = x(x^2 - 4) = x(x+2)(x-2) = 0$ を解けばよい. このように, 意外なところで高次方程式 (3.3 節) の知識が必要となる！

練習 7.7 [24]　　2 曲線 $y = x^2$, $y = x + 2$ で囲まれた部分の面積 S を求めなさい.

7.2.4　偶関数と奇関数の定積分

$n \in \mathbb{N} \cup \{0\}$ とする[25]. 4.3.1 項でみたとおり, 指数が偶数のべき関数 $g(x) = x^{2n}$ は偶関数であり, 指数が奇数のべき関数 $k(x) = x^{2n+1}$ は奇関数である. 一般に, 関数 $f(x)$ は偶関数と奇関数の和で表される. 実際,

$$g(x) = \frac{f(x) + f(-x)}{2}, \qquad k(x) = \frac{f(x) - f(-x)}{2}$$

とおくと, $g(x)$ は偶関数, $k(x)$ は奇関数で, $g(x) + k(x) = f(x)$ が成り立つことがわかる[26]. 例えば, 多項式関数 $f(x)$ は, 指数が偶数の項からなる偶関数 $g(x)$ と, 指数が奇数の項からなる奇関数 $k(x)$ に分けられる.

偶関数のグラフは「y 軸で対称」, 奇関数のグラフは「原点で対称」になっているので, これらの関数の区間 $[-a, a]$ $(a > 0)$ での定積分は, 次のように簡単に計算することができる.

定理 7.5 (偶関数・奇関数の定積分)

$a > 0$ とする. 関数 $f(x)$ が区間 $[-a, a]$ で連続であるとき, 次が成り立つ.

$f(x)$ が偶関数のとき：$\displaystyle \int_{-a}^{a} f(x)\, dx = 2 \int_{0}^{a} f(x)\, dx$

$f(x)$ が奇関数のとき：$\displaystyle \int_{-a}^{a} f(x)\, dx = 0$

証明　$f(x)$ が偶関数のとき, グラフは y 軸対称なので,

$$\int_{0}^{a} f(x)\, dx = S$$

---

24)　答 (練習 **7.7**)　$S = \frac{9}{2}$

25)　集合 $\mathbb{N} \cup \{0\}$ は, 自然数の集合 $\mathbb{N}$ と, 0 だけからなる集合 $\{0\}$ の和集合なので, この場合は $n = 0, 1, 2, 3, \ldots$ という意味である.

26)　各自確かめてみよう (章末問題【B】3).

とおくと, 図 7.10 左からもわかるように $\displaystyle\int_{-a}^{0} f(x)\,dx = S$ である.

したがって, $\displaystyle\int_{-a}^{a} f(x)\,dx = 2S = 2\int_{0}^{a} f(x)\,dx$ がいえる. 一方, $f(x)$ が奇関数のとき, グラフは原点対称なので,

$$\int_{0}^{a} f(x)\,dx = S$$

とおくと, 図 7.10 右からもわかるように $\displaystyle\int_{-a}^{0} f(x)\,dx = -S$ である[27]. したがって, $\displaystyle\int_{-a}^{a} f(x)\,dx = S - S = 0$ がいえる.　　　□

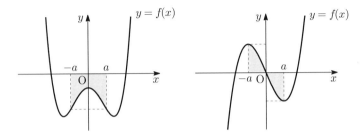

図 7.10　偶関数 (左) と奇関数 (右) の定積分

例 7.8　定積分 $I = \displaystyle\int_{-1}^{1} \left(x^4 - 3x^3 + 5x - 1 \right) dx$ を工夫して計算してみよう. 被積分関数を $f(x) = x^4 - 3x^3 + 5x - 1$ とおくと,

$$\begin{aligned} f(-x) &= (-x)^4 - 3(-x)^3 + 5(-x) - 1 \\ &= x^4 + 3x^3 - 5x - 1 \end{aligned}$$

より $f(-x) \neq f(x)$ であり, $f(-x) \neq -f(x)$ でもある. したがって, 被積分関数 $f(x)$ は偶関数でも奇関数でもない (図 7.11 左). そこで, 指数が偶数の項と奇数の項に分けて

$$\boxed{g(x) = x^4 - 1}, \qquad \boxed{k(x) = -3x^3 + 5x}$$

とおくと, $f(x) = \boxed{g(x)} + \boxed{k(x)}$ であり, さらに

$$g(-x) = (-x)^4 - 1 = x^4 - 1 = g(x)$$

---

27) 7.2.2 項で述べたとおり, 定積分は「符号付き面積」となることに注意する.

$$k(-x) = -3(-x)^3 + 5(-x) = 3x^3 - 5x = -k(x)$$

であるから，$\boxed{g(x)}$ は偶関数 (図 7.11 中)，$\boxed{k(x)}$ は奇関数 (図 7.11 右) であることがわかる．よって，定積分と偶関数・奇関数の性質より，

$$I = \int_{-1}^{1} \left(\boxed{g(x)} + \boxed{k(x)} \right) dx = \int_{-1}^{1} \boxed{g(x)} \, dx + \int_{-1}^{1} \boxed{k(x)} \, dx$$

$$= 2\int_{0}^{1} g(x) \, dx + 0 = 2\int_{0}^{1} \left(x^4 - 1 \right) dx$$

$$= 2\left[\frac{1}{5} x^5 - x \right]_{0}^{1} = 2\left[\left(\frac{1}{5} - 1 \right) - (0 - 0) \right] = -\frac{8}{5}$$

と計算することができる[28].

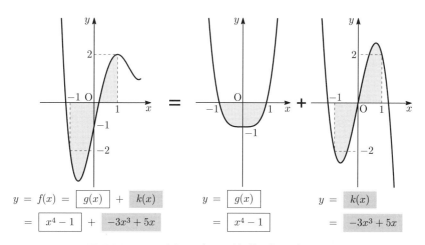

$$y = f(x) = \boxed{g(x)} + \boxed{k(x)}$$
$$= \boxed{x^4 - 1} + \boxed{-3x^3 + 5x}$$

$$y = \boxed{g(x)}$$
$$= \boxed{x^4 - 1}$$

$$y = \boxed{k(x)}$$
$$= \boxed{-3x^3 + 5x}$$

図 7.11　$y = f(x)$ のグラフ (網掛け部分が I) と，
$y = g(x)$ と $y = k(x)$ のグラフ

練習 7.8 [29]　次の定積分を計算しなさい．

(1)　$\displaystyle\int_{-5}^{5} (3x + 1) \, dx$　　　(2)　$\displaystyle\int_{-2}^{2} (9x^8 - 7x^7) \, dx$

---

28)　I の計算結果が負となり不安を感じるかもしれないが，図 7.11 より I が示す「符号付き面積」は負であり，計算結果はおおよそ正しそうであることがわかる．
29)　**答 (練習 7.8)**　(1) 10　(2) 1024

第 7 章　章末問題

【A】（答えは p.174）

1. 次の関数を x で微分しなさい.

(1)　$y = x$　　　　(2)　$y = x^3$　　　　(3)　$y = x^{10}$

(4)　$y = \dfrac{1}{x}$　　　(5)　$y = \dfrac{1}{x^3}$　　　(6)　$y = \sqrt{x}$

(7)　$y = x\sqrt{x}$　　　(8)　$y = \sqrt[3]{x}$　　　(9)　$y = \sqrt[3]{x^2}$

2. 次の関数を x で微分しなさい.

(1)　$y = x^3 - 3x^2 + 3x - 1$　　　(2)　$y = 2x^5 - 3x^2 + 2 + \dfrac{3}{x}$

(3)　$y = (x^2 + 1)(2x - 3)$　　　(4)　$y = \dfrac{x}{x^2 + 1}$

3. 次の関数を x で微分しなさい.

(1)　$y = (2x - 1)^3$　　　(2)　$y = (2x - 1)^{10}$　　　(3)　$y = (x^2 + 3)^9$

(4)　$y = \dfrac{1}{(x^2 + 3)^9}$　　　(5)　$y = \sqrt{x^2 + 3}$　　　(6)　$y = \dfrac{1}{\sqrt{x^2 + 3}}$

4. 次の不定積分を求めなさい.

(1)　$\displaystyle\int x^2 \, dx$　　　(2)　$\displaystyle\int \dfrac{1}{x^3} \, dx$　　　(3)　$\displaystyle\int \sqrt{x} \, dx$

5. 次の定積分を計算しなさい.

(1)　$\displaystyle\int_{-1}^{2} x^2 \, dx$　　　(2)　$\displaystyle\int_{1}^{2} \dfrac{1}{x^3} \, dx$　　　(3)　$\displaystyle\int_{1}^{2} x\sqrt{x} \, dx$

【B】（答えは p.174）

1. 次の定積分を計算しなさい.

(1)　$\displaystyle\int_{1}^{2} (2x - 1)^2 \, dx$　　　(2)　$\displaystyle\int_{0}^{1} (2x - 1)^{10} \, dx$

(3)　$\displaystyle\int_{1}^{2} \dfrac{1}{\sqrt{2x - 1}} \, dx$　　　(4)　$\displaystyle\int_{1}^{2} \dfrac{x}{\sqrt{x^2 + 3}} \, dx$

2. 放物線 $y = ax^2 + bx + c$ $(a \neq 0)$ と直線 $y = px + q$ が異なる 2 点で交わっているとする. これらの交点の x 座標を α, β $(\alpha < \beta)$ とするとき, この 2 つのグラフで囲まれた部分の面積 S を a, α, β で表しなさい.

3. 関数 $f(x)$ に対して, $g(x) = \dfrac{f(x) + f(-x)}{2}$, $k(x) = \dfrac{f(x) - f(-x)}{2}$ とおくとき, 以下の問いに答えなさい.

(1)　$g(x) + k(x) = f(x)$ が成り立つことを証明しなさい.

(2)　$g(x)$ は偶関数であることを証明しなさい.

(3)　$k(x)$ は奇関数であることを証明しなさい.

8
複 素 平 面

この章では, 複素数に座標平面上の点を対応させることにより, 複素数の演算が座標平面上の点の移動と同一視できることを具体的にみていく[1]. 複素数とその演算, 演算のルールについては, 1.7 節を参照のこと.

8.1 複 素 平 面

複素数において, その実部を x 座標, 虚部を y 座標とする xy 平面上の点に対応させることを考えよう. 例えば, 2 つの複素数 $z_1 = 4 + i$, $z_2 = 2 + 3i$ を, それぞれ xy 平面上の点 A $(4, 1)$, B $(2, 3)$ に対応させる. このとき, 和 $z_1 + z_2$ は

$$z_1 + z_2 = (4 + i) + (2 + 3i) = 6 + 4i$$

であるが, これを xy 平面上でみてみると以下のようである.

複素数の和は, 実部どうしの和を実部に, 虚部どうしの和を虚部にもつ複素数であるから, このことを対応する平面上の点で考えれば, 2 つの 2 次元ベクトル $\overrightarrow{\mathrm{OA}}$, $\overrightarrow{\mathrm{OB}}$ の和を有向線分 $\overrightarrow{\mathrm{OC}}$ としたときの点 C が「和の平面上の点」である[2]. 同様に, 複素数の実数倍は, 平面上の 2 次元ベクトルの実数倍 (ただし, 原点 O を始点とする) に対応するが, 複素数どうしの積や商ではど

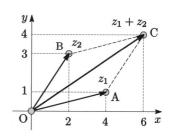

図 8.1 複素数に対応する (x, y) 平面上の点

---

1) 点の集合である図形で考えれば, 図形の平行移動, 拡大, 縮小, 回転のことである.
2) ベクトルや有向線分については, 「線形代数」[14] 第 1 章参照.

うなるか，興味深いところである．

　一般に，複素数

$$a + bi \quad (\, a\,, b \in \mathbb{R}\,,\ i^2 = -1\,)$$

に座標平面上の点 $(\,a\,,\,b\,)$ を対応させると，すべての複素数は座標平面全体を表す．この平面を **複素平面** あるいは **ガウス平面** という[3]．複素平面において，複素数の実部に対応する横軸を **実軸** といって Re と表し，虚部に対応する縦軸を **虚軸** といって Im と表す[4]．また，実軸と虚軸の交点を **原点** といい，O と表す．原点に対応する複素数は，実部と虚部がともに 0 なので

$$0 + 0i = 0$$

である．

例 8.1　　複素数 $z_1 = -2 + 3i$，$z_2 = 2$，$z_3 = 2i$
を複素平面上に図示すると[5]，右図のようである． ∎

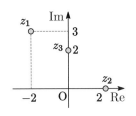

図 8.2　例 8.1 の様子

練習 8.1 [6]　次の複素数を複素平面上に図示しなさい．
(1) $z_1 = 3 + 2i$　　(2) $z_2 = 3 - 2i$
(3) $z_3 = 1$　　(4) $z_4 = -i$

8.2　極 形 式

　ここで，複素平面を扱う際に便利な用語と記号を導入する．まず，すでに 1.7 節で用語を定義しているが，複素数 z の **実部** を Re z，**虚部** を Im z と表すことにする[7]．つまり，

---

　3)　高等学校「数学 Ⅲ」では「複素数平面」という用語を用いている．実数は数直線，複素数は複素平面にそれぞれ対応しているが，複素数は「数平面」とした方が対応がわかりやすい．

　4)　Re は実軸を意味する英語 "<u>re</u>al axis" が，Im は虚軸を意味する英語 "<u>im</u>arginary axis" がそれぞれ由来である．

　5)　横軸を Re，縦軸を Im とするのを忘れずに．

　6)　答 (練習 8.1)　巻末の略解 (p.175) に掲載．

　7)　Re は実部を意味する英語 "<u>re</u>al part" が，Im は虚部を意味する英語 "<u>im</u>arginary part" がそれぞれ由来である．また，Re(z)，Im(z) のように ( ) をつけて表記する場合もある．

$z = a + bi \ (a, b \in \mathbb{R}, \ i^2 = -1)$ のとき[8]，
$$\mathrm{Re}\, z = a, \qquad \mathrm{Im}\, z = b$$

このとき，z の共役複素数 $\bar{z} = a - bi$ に対して，$\mathrm{Re}\, z = \mathrm{Re}\, \bar{z}$，$\mathrm{Im}\, z = -\mathrm{Im}\, \bar{z}$ が成り立つ．

では，複素平面を利用して，0 でない複素数 $z = a + bi \ (a, b \in \mathbb{R}$，$i^2 = -1)$ を別の形で表してみよう．複素平面上における複素数 z の点を A とする．原点 O から A までの距離を r とし，実軸の正方向から，線分 OA への反時計回りの角度を θ とすると[9]，

$$r = \sqrt{a^2 + b^2}, \quad \cos\theta = \frac{a}{r}, \quad \sin\theta = \frac{b}{r}$$

が成り立つ（図 8.3）．

このとき，r を z の **絶対値** といって，$|z|$ と表し，θ を z の **偏角**といって，$\arg z$ と表す[10]．なお，$\underline{z = 0\ のとき，}$ $\underline{偏角は定義されない．}$ 三角関数の性質より，z の偏角のうちの 1 つを θ_0 とすると，

$$\arg z = \theta_0 + 2n\pi \ (n \in \mathbb{Z})$$

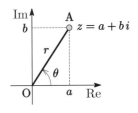

図 8.3 複素平面上の点 $z = a + bi$ と r, θ との関係

であることに注意する[11]．特に，偏角が $-\pi$ より大きく π 以下のものを，偏角の **主値** といって，$\mathrm{Arg}\, z$ と表す．つまり，$-\pi < \mathrm{Arg}\, z \le \pi$ である[12]．したがって，偏角を求めるときは，主値 $\mathrm{Arg}\, z$ を用いて次のように表す．

$$\arg z = \mathrm{Arg}\, z + 2n\pi \ (n \in \mathbb{Z})$$

主値に対して，$\arg z$ を偏角の **一般角** ということもある．

---

8)　$\mathrm{Im}\, z = b \ (\in \mathbb{R})$ である．$\mathrm{Im}\, z \ne b\, i$ に注意!!

9)　θ の単位はラジアンとする．

10)　$\arg$ は偏角を意味する英語 "argument" が由来である．また，$\arg(z)$ のように（ ）をつけて表記する場合もある．

11)　つまり，1 つの複素数における偏角は無数に存在する．

12)　場合によっては，0 以上 2π 未満を偏角の主値とすることもある．

例 8.2　複素数　$z = -1 + \sqrt{3}\,i$　の絶対値は,

$$|z| = \sqrt{(-1)^2 + \left(\sqrt{3}\right)^2} = 2$$

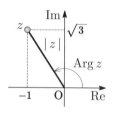

また, 偏角の主値は, 右の図から　$\mathrm{Arg}\, z = \dfrac{2}{3}\pi$　と

求まるので[13], 偏角は

$$\arg z = \frac{2}{3}\pi + 2n\pi \quad (n \in \mathbb{Z})$$ ■

図 8.4　例 8.2 の様子

練習 8.2 [14]　次の複素数の絶対値, 偏角の主値, 偏角を求めなさい.

(1) $z_1 = 1 + i$ 　　　　(2) $z_2 = -2i$

先ほどの r, θ, a, b の関係式から $a = r\cos\theta$, $b = r\sin\theta$ がわかるので,

$$a + bi = r(\cos\theta + i\sin\theta)$$

と変形できる. この右辺の表記を 極形式 という. また, オイラーの公式 と

よばれる以下の関係式を用いると[15], 次のように表すこともできる[16].

$$a + bi = r(\cos\theta + i\sin\theta) = r\,e^{i\theta}$$

定理 8.1 (オイラーの公式)

$\theta \in \mathbb{R}$　に対して,

$$e^{i\theta} = \cos\theta + i\sin\theta$$

が成り立つ. ここに, $i^2 = -1$　で, $e = 2.71828\ldots$　は ネイピア数
あるいは 自然対数の底 とよばれる無理数である[17].

---

13) 定義にしたがって, $\cos\theta = \frac{-1}{2}$, $\sin\theta = \frac{\sqrt{3}}{2}$ から $\theta = \frac{2}{3}\pi$ と求めてもよい.

14) 答 (練習 8.2)　(1) $|z_1| = \sqrt{2}$, $\mathrm{Arg}\, z_1 = \frac{\pi}{4}$, $\arg z_1 = \frac{\pi}{4} + 2n\pi$ $(n \in \mathbb{Z})$
(2) $|z_2| = 2$, $\mathrm{Arg}\, z_2 = -\frac{\pi}{2}$, $\arg z_2 = -\frac{\pi}{2} + 2n\pi$ $(n \in \mathbb{Z})$

15) オイラーの公式において, $\theta = \pi$ とした $e^{i\pi} + 1 = 0$ は オイラーの等式 として
知られている. 2 つの超越数 π, e と虚数単位 i を結ぶ不思議な等式である.

16) 本書では $r\,e^{i\theta}$ の表記は使わないが, 必要に応じて使い分けるとよい.

17) 「微分積分」[13] A.1 節参照. なお, ネイピア数を底とする対数を 自然対数 と
いう.

8.3 演算による複素平面上の点の移動

「複素数」が「複素平面上の点」に対応することから，複素数の演算が複素平面上の点にどのような影響を与えるのか，本節で解説する．なお，複素数どうしの和・差・実数倍は 2 次元ベクトルとして考えればよいので，ここでは積と商に限定して説明する．単なる計算は 1.7 節を参照のこと．

2 つの複素数 $z_1 = a+bi$，$z_2 = c+di$（$a, b, c, d \in \mathbb{R}$，$i^2 = -1$）において，積 $z_1 z_2$ が複素平面上でどのように表されるかを考える．まず，これらを極形式で表す．$r_1 = |z_1|$，$\theta_1 = \mathrm{Arg}\, z_1$，$r_2 = |z_2|$，$\theta_2 = \mathrm{Arg}\, z_2$ とすると，$z_1 = r_1(\cos\theta_1 + i\sin\theta_1)$，$z_2 = r_2(\cos\theta_2 + i\sin\theta_2)$ であるから，これらの積 $z_1 z_2$ は

$z_1 z_2$

$$= r_1 r_2 (\cos\theta_1 + i\sin\theta_1)(\cos\theta_2 + i\sin\theta_2)$$

$$= r_1 r_2 \Big((\cos\theta_1 \cos\theta_2 - \sin\theta_1 \sin\theta_2) + i(\sin\theta_1 \cos\theta_2 + \cos\theta_1 \sin\theta_2) \Big)$$

$$= r_1 r_2 \Big(\cos(\theta_1 + \theta_2) + i\sin(\theta_1 + \theta_2) \Big)$$

となる[18]．これは，z_1 を基準として z_1 に z_2 を掛けたものと考えると，積 $z_1 z_2$ は，z_1 を $\underbrace{|z_2|}_{=r_2}$ 倍し，$\underbrace{\mathrm{Arg}\, z_2}_{=\theta_2}$ 回転させた点に移動したことを意味する[19]．

積 $z_1 z_2$ を複素平面上に作図する方法

(1) まず，複素平面上に z_1 の点をかく．

(2) 原点から z_1 に向けて半直線をひく．

(3) 原点を中心に，原点から z_1 までの距離を $|z_2|$ 倍した点をかく．

(4) コンパスの針を原点に，コンパスの鉛筆を (3) でかいた点にそれぞれおき，原点を中心に (3) でかいた点から $\mathrm{Arg}\, z_2$ 回転させたところに点をかく．この点が，積 $z_1 z_2$ の複素平面上の位置である．

このことを，具体的な例でみてみよう．

---

18) 三角関数の加法定理 (p.119) を用いた．

19) z_2 を基準として考えることもできる．

例 8.3　複素数　$z_1 = 1 + \sqrt{3}\,i$　に, 複素数 $z_2 = 1 + i$　を掛けると, 複素平面上で点 z_1 はどのように移動するか, みてみよう. まず, これら2つの複素数を極形式で表すと,

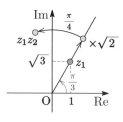

$$|z_1| = \sqrt{1^2 + \left(\sqrt{3}\right)^2} = 2, \quad \mathrm{Arg}\,z_1 = \frac{\pi}{3},$$

$$|z_2| = \sqrt{1^2 + 1^2} = \sqrt{2}, \quad \mathrm{Arg}\,z_2 = \frac{\pi}{4}$$

図 8.5　例 8.3 の様子

であるから,

$$z_1 = 2\left(\cos\frac{\pi}{3} + i\sin\frac{\pi}{3}\right), \quad z_2 = \sqrt{2}\left(\cos\frac{\pi}{4} + i\sin\frac{\pi}{4}\right)$$

と表される. したがって, これらの積は

$$z_1 z_2 = 2\sqrt{2}\left(\cos\left(\frac{\pi}{3} + \frac{\pi}{4}\right) + i\sin\left(\frac{\pi}{3} + \frac{\pi}{4}\right)\right)$$

となるので, 積 $z_1 z_2$ は z_1 を $\sqrt{2}$ 倍し, $\dfrac{\pi}{4}$ 回転した点に移動する.　∎

練習 8.3 [20]　複素数　$z_1 = 1 + i$　に, 複素数　$z_2 = 1 + \sqrt{3}\,i$　を掛けたときの, 複素平面上の点 z_1 の移動を作図しなさい.

複素数の積の性質から, 以下がわかる.

複素数に i を掛けると
点の位置が $\dfrac{\pi}{2}$ 回転する.

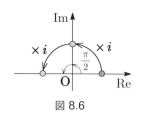

図 8.6

続いて, 複素数どうしの商が, 複素平面上の点をどのように移動させるのか考えてみよう. 2つの複素数　$z_1 = a + b\,i$,　$z_2 = c + d\,i$　($a, b, c, d \in \mathbb{R}$, $i^2 = -1$) の商 $\dfrac{z_1}{z_2}$ が複素平面上でどのように表されるかを考えるために, まずこれらを極形式で表す. $r_1 = |z_1|$, $\theta_1 = \mathrm{Arg}\,z_1$, $r_2 = |z_2|$, $\theta_2 = \mathrm{Arg}\,z_2$ とすると, $z_1 = r_1(\cos\theta_1 + i\sin\theta_1)$, $z_2 = r_2(\cos\theta_2 + i\sin\theta_2)$　である

---

20)　答 (練習 8.3)　巻末の略解 (p.175) に掲載.

から, これらの商 $\dfrac{z_1}{z_2}$ は

$$
\begin{aligned}
\frac{z_1}{z_2} &= \frac{r_1}{r_2} \cdot \frac{\cos\theta_1 + i\sin\theta_1}{\cos\theta_2 + i\sin\theta_2} \\
&= \frac{r_1}{r_2} \cdot \frac{\cos\theta_1 + i\sin\theta_1}{\cos\theta_2 + i\sin\theta_2} \cdot \frac{\cos\theta_2 - i\sin\theta_2}{\cos\theta_2 - i\sin\theta_2} \\
&= \frac{r_1}{r_2} \cdot \frac{(\cos\theta_1\cos\theta_2 + \sin\theta_1\sin\theta_2) + i(\sin\theta_1\cos\theta_2 - \cos\theta_1\sin\theta_2)}{\cos^2\theta_2 + \sin^2\theta_2} \\
&= \frac{r_1}{r_2}\Big(\cos(\theta_1 - \theta_2) + i\sin(\theta_1 - \theta_2)\Big)
\end{aligned}
$$

となる. これは, z_1 を基準として z_1 に $\dfrac{1}{z_2}$ を掛けたものと考えると, 商 $\dfrac{z_1}{z_2}$ は, z_1 を $\dfrac{1}{|z_2|}$ 倍し, $-\mathrm{Arg}\,z_2$ 回転させた点に移動したことを意味する.

> **商 $\dfrac{z_1}{z_2}$ を複素平面上に作図する方法**
>
> (1) まず, 複素平面上に z_1 の点をかく.
> (2) 原点から z_1 に向けて半直線をひく.
> (3) 原点を中心に, 原点から z_1 までの距離を $\dfrac{1}{|z_2|}$ 倍した点をかく.
> (4) コンパスの針を原点に, コンパスの鉛筆を (3) でかいた点にそれぞれおき, 原点を中心に (3) でかいた点から $-\mathrm{Arg}\,z_2$ 回転させたところに点をかく. この点が, 商 $\dfrac{z_1}{z_2}$ の複素平面上の位置である.

このことを, 具体的な例でみてみよう.

例 8.4　複素数 $z_1 = 1 + \sqrt{3}\,i$ を, 複素数 $z_2 = 1 + i$ で割ると, 複素平面上で点 z_1 はどのように移動するか, みてみよう. まず, これら2つの複素数を極形式で表すと,

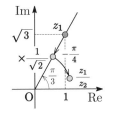

図 8.7　例 8.4 の様子

$$
|z_1| = \sqrt{1^2 + \left(\sqrt{3}\right)^2} = 2, \quad \mathrm{Arg}\,z_1 = \frac{\pi}{3},
$$

$$
|z_2| = \sqrt{1^2 + 1^2} = \sqrt{2}, \quad \mathrm{Arg}\,z_2 = \frac{\pi}{4}
$$

であるから,

$$z_1 = 2\left(\cos\frac{\pi}{3} + i\sin\frac{\pi}{3}\right), \quad z_2 = \sqrt{2}\left(\cos\frac{\pi}{4} + i\sin\frac{\pi}{4}\right)$$

と表される. したがって, これらの商は

$$\frac{z_1}{z_2} = 2\cdot\frac{1}{\sqrt{2}}\left(\cos\left(\frac{\pi}{3} - \frac{\pi}{4}\right) + i\sin\left(\frac{\pi}{3} - \frac{\pi}{4}\right)\right)$$

となるので, 商 $\dfrac{z_1}{z_2}$ は z_1 を $\dfrac{1}{\sqrt{2}}$ 倍し, $-\dfrac{\pi}{4}$ 回転した点に移動する. ∎

練習 8.4 [21] 複素数 $z_1 = 1 + i$ を, 複素数 $z_2 = 1 + \sqrt{3}\,i$ で割ったときの, 複素平面上の点 z_1 の移動を作図しなさい.

8.4 複素数の累乗根

まず, 複素数の累乗について定義する. $z \in \mathbb{C}$, $n \in \mathbb{N}$ に対して, z を n 個掛けたものを z の **n 乗** といい, z^n と表す. つまり,

$$z^n = \underbrace{z \times z \times \cdots \times z}_{n\,個} \quad (n = 1, 2, 3, \dots)$$

である. このとき, z^n を z の **累乗** あるいは **べき乗** といい, z を 底, n を **指数** という. また, 0 でない複素数 z と $n \in \mathbb{N}$ に対して, $z^{-1} = \dfrac{1}{z}$, $z^{-n} = (z^{-1})^n$ と定義すると, $m, n \in \mathbb{Z}$ に対して, 底が複素数の **指数法則**

$$z^m z^n = z^{m+n}, \qquad (z^m)^n = z^{mn}$$

が成り立つ. また, **ド・モアブルの定理** とよばれる以下の定理が成り立つことも知られている[22].

定理 8.2 (ド・モアブルの定理)

$\theta \in \mathbb{R}$, $n \in \mathbb{Z}$ に対して,

$$(\cos\theta + i\sin\theta)^n = \cos n\theta + i\sin n\theta$$

---

21) 答 (練習 **8.4**) 巻末の略解 (p.175) に掲載.
22) 証明は章末問題【B】1.

一方, 2 以上の $n \in \mathbb{N}$ と $z \in \mathbb{C}$ に対して, n 乗して z になる複素数, つまり

$$w^n = z \qquad (n \geq 2)$$

を満たす $w \in \mathbb{C}$ を z の **累乗根**, 特にこの場合, **n 乗根** という.

　前節で複素数どうしの積が, 複素平面上でどのような移動をするのか確認したが, 本節ではそれを応用して, 複素数の n 乗根を複素平面を用いて求める方法を考える. 以下の具体的な例をもとに説明する.

例 8.5　　2 乗して $z = 1 + \sqrt{3}\,i$ になるような複素数 w を複素平面を利用して求めよう. 求める w の極形式を

$$w = r(\cos\theta + i\sin\theta)$$

とすると, w の定義とド・モアブルの定理 (定理 8.2) から

$$z = w^2 = r^2(\cos\theta + i\sin\theta)^2$$
$$= r^2(\cos 2\theta + i\sin 2\theta)$$

が成り立つ. 一方, $z = 1 + \sqrt{3}\,i$ であるから, これを極形式で表すと $z = 2\left(\cos\dfrac{\pi}{3} + i\sin\dfrac{\pi}{3}\right)$ である. したがって, 上記の式と比較することにより,

$$\begin{cases} r^2 = 2 \\ 2\theta = \dfrac{\pi}{3} + 2n\pi \quad (n \in \mathbb{Z}) \end{cases}$$

を得る. なお, 偏角のところは主値ではなく $2n\pi\,(n \in \mathbb{Z})$ を加えた一般角としている. これは, 左辺が 2θ となっていて, 主値が複数存在するからである. よって, $r > 0$ に注意して r, θ を求めると,

$$r = \sqrt{2}\,, \quad \theta = \frac{\pi}{6} + n\pi \ (n \in \mathbb{Z})$$

である. ここで, 偏角の主値を求めよう. 偏角の式において $n = 0, -1$ とすると, $\theta = \dfrac{\pi}{6}, -\dfrac{5}{6}\pi$ で, どちらも主値の範囲 $(-\pi, \pi]$ に入っている. 以上のことをもとに, 作図してみると, 図 8.8 のようである.

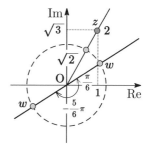

図 8.8　例 8.5 の様子

また, ここでは具体的な値も求めてみよう. r, θ がわかっているので, 求める複素数 w は

$$
\begin{aligned}
w &= r\left(\cos\theta + i\sin\theta\right) \\
&= \begin{cases}
\sqrt{2}\left(\cos\dfrac{\pi}{6} + i\sin\dfrac{\pi}{6}\right) \\
\sqrt{2}\left(\cos\left(-\dfrac{5}{6}\pi\right) + i\sin\left(-\dfrac{5}{6}\pi\right)\right)
\end{cases} \\
&= \begin{cases}
\sqrt{2}\left(\dfrac{\sqrt{3}}{2} + \dfrac{1}{2}i\right) \\
\sqrt{2}\left(-\dfrac{\sqrt{3}}{2} - \dfrac{1}{2}i\right)
\end{cases} \\
&= \pm\dfrac{\sqrt{6} + \sqrt{2}\,i}{2}
\end{aligned}
$$

---

z の n 乗根 w ($w^n = z$) を複素平面上に作図する方法

(1) まず, 複素平面上に z の点をかく.

(2) 原点から z に向けて半直線をひく.

(3) (2) でひいた半直線上に, 原点からの距離が $\sqrt[n]{|z|}$ の点をかく.

(4) コンパスの針を原点に, コンパスの鉛筆を (3) でかいた点にそれぞれおき, 原点を中心に 1 回転させて円をかく.

(5) 実軸の正方向からの角が $\dfrac{\arg z}{n}$ であるような直線をひく[23].

  (4) でかいた円と, (5) でひいた直線との交点が, z の n 乗根 w の複素平面上の位置である. このような w は n 個存在する.

注意　(1) 例 8.5 は $|z| = 2$ だったために複雑だったが, もし $|z| = 1$ であるような問題であれば, n 乗根でも絶対値 (原点からの距離) は 1 で変わらないので, 角度だけ考えればよい.

(2) 複素平面を使わないで求めるには, $w = a + bi$ とおいて, $w^n = z$ の実部と虚部を比較して a, b を求めればよい.

[23) ここで用いる偏角は, 主値ではなく一般角の $\arg z$ である.

> **練習 8.5** [24]　　2 乗して $z = i$ になるような複素数 w を複素平面上
> に作図し，その値も求めなさい．

第8章　章末問題

【A】（答えは p.175）

1. $z \in \mathbb{C}$ に対して，次の値を z と $\overline{z}$ で表しなさい．

   (1)　Re z　　　(2)　Im z　　　(3)　$\big($Re $z\big)^2 + \big($Im $z\big)^2$

2. 次の演算の過程を複素平面に作図しなさい．

   (1)　$z = (1 - i)(\sqrt{3} + i)$　　　(2)　$z = \dfrac{1}{1 - i}$

   (3)　$z = \dfrac{i}{\sqrt{3} + i}$　　　　　　　(4)　$z = \dfrac{\sqrt{3} + i}{1 - i}$

3. 次の複素数の値を，複素平面を利用して求めなさい．

   (1)　$z = i^{2020}$　　　　　　　(2)　$z = \displaystyle\sum_{k=1}^{2038} i^k$

   (3)　$z = \left(\dfrac{1 + i}{\sqrt{2}}\right)^{2029}$　　　(4)　$z = \left(\dfrac{\sqrt{3} - i}{2}\right)^{2050}$

4. 次を満たす $w \in \mathbb{C}$ を求める過程を複素平面に作図しなさい．

   (1)　$w^2 = -i$　　　(2)　$w^3 = 1$　　　(3)　$w^5 = i$

5. ド・モアブルの定理 (p.164) を利用して，以下の等式を証明しなさい．

   (1)　$\cos 2\theta = \cos^2\theta - \sin^2\theta$

   (2)　$\sin 2\theta = 2\sin\theta\cos\theta$

   (3)　$\cos 3\theta = \cos^3\theta - 3\cos\theta\sin^2\theta$

   (4)　$\sin 3\theta = 3\cos^2\theta\sin\theta - \sin^3\theta$

【B】（答えは p.175）

1. ド・モアブルの定理 (p.164) を証明しなさい．

> $\theta \in \mathbb{R}$, $n \in \mathbb{Z}$ に対して，
> $$(\cos\theta + i\sin\theta)^n = \cos n\theta + i\sin n\theta$$

---

24)　答 (練習 8.5)　　$w = \pm\dfrac{1 + i}{\sqrt{2}}$，図は巻末の略解 (p.175) に掲載．

章末問題略解 (一部 練習の答を含む)

第1章

章末問題【A】(p.29)

1. (1) -1　(2) $-i$　(3) 1　(4) $-i$

2. (1) $z_1 + z_2 = 2,\ z_1 - z_2 = 2i,\ z_1 z_2 = 2,\ \dfrac{z_1}{z_2} = i$

(2) $z_1 + z_2 = 2 - i,\ z_1 - z_2 = 2 + i,\ z_1 z_2 = -2i,\ \dfrac{z_1}{z_2} = 2i$

(3) $z_1 + z_2 = 3 + i,\ z_1 - z_2 = 1 - 3i,\ z_1 z_2 = 4 + 3i,\ \dfrac{z_1}{z_2} = -i$

(4) $z_1 + z_2 = 1 + 3i,\ z_1 - z_2 = -1 + i,\ z_1 z_2 = -2 + 2i,\ \dfrac{z_1}{z_2} = 1 + i$

3. (1) $(23)_{10}$　(2) $(1.625)_{10}$　(3) $(3.375)_{10}$　(4) $(0.6)_{10}$　(5) $(20)_{10}$

(6) $(47)_{10}$　(7) $(100)_{10}$　(8) $(1000.0625)_{10}$

4. (1) $(1100100)_2$　(2) $(11.011)_2$　(3) $(0.0\dot{1})_2$　(4) $(0.00011\dot{1})_2$

(5) $(10110.10101)_2$　(6) $(0.\dot{0}01\dot{1})_2$　(7) $(0.\dot{0}0\dot{1})_2$　(8) $(0.\dot{0}000\dot{1})_2$

5. (1) $(10)_{16}$　(2) $(1B)_{16}$　(3) $(0.4)_{16}$　(4) $(0.1\dot{9})_{16}$　(5) $(16)_{16}$

(6) $(0.\dot{3})_{16}$　(7) $(0.\dot{2}4\dot{9})_{16}$　(8) $(0.A8)_{16}$

章末問題【B】(p.29)

1. (1) $z_1 + z_2 = (a + c) + (b + d)i,\ z_1 - z_2 = (a - c) + (b - d)i,$

$z_1 z_2 = (ac - bd) + (ad + bc)i,\ \dfrac{z_1}{z_2} = \dfrac{ac + bd}{c^2 + d^2} + \dfrac{bc - ad}{c^2 + d^2}i$

(2) $\overline{z_1} + \overline{z_2} = (a + c) - (b + d)i = \overline{(z_1 + z_2)},$

$\overline{z_1} - \overline{z_2} = (a - c) - (b - d)i = \overline{(z_1 - z_2)},$

$\overline{z_1}\ \overline{z_2} = (ac - bd) - (ad + bc)i = \overline{(z_1 z_2)},$

$\dfrac{\overline{z_1}}{\overline{z_2}} = \dfrac{ac + bd}{c^2 + d^2} - \dfrac{bc - ad}{c^2 + d^2}i = \overline{\left(\dfrac{z_1}{z_2}\right)}$

2. (1) $(0.\dot{0}001\,0111\,0\dot{1})_2$　(2) $(0.\dot{0}0\dot{0}0\,0010\,1000\,1111\,0101\,1\dot{1})_2$　(3) $(0.\dot{0}1\dot{1})_2$

3. (1) $(1.11111)_2$　(2) $(178)_{16}$　(3) $(6E)_{16}$

第2章

練習 2.21 (p.58)

(1) 対偶法で証明する. 自然数に対して「奇数でない」ことは「偶数である」こと
と同値であるから, この命題の対偶は「n が偶数であるならば, n^2 も偶数である.」

である.　$n \in \mathbb{N}$ は偶数なので, $n = 2k$ $(k \in \mathbb{N})$ と書ける. 辺々を 2 乗して $n^2 = (2k)^2 = 4k^2 = 2 \times (2k^2)$ となるが, $k \in \mathbb{N}$ より $2k^2 \in \mathbb{N}$ がいえ, それゆえ n^2 も偶数である. よって, 対偶が真であるから, もとの含意命題も真である.

(2) 対偶法で証明する. この命題の対偶は「n が 3 の倍数でないならば, n^2 も 3 の倍数でない.」である. $n \in \mathbb{N}$ は 3 の倍数でないので, $n = 3k - 2$ $(k \in \mathbb{N})$ あるいは $n = 3k - 1$ $(k \in \mathbb{N})$ と書ける. まず $n = 3k - 2$ の場合, 辺々を 2 乗して $n^2 = (3k - 2)^2 = 9k^2 - 12k + 4 = 3 \times (3k^2 - 4k + 1) + 1$ となるが, $k \in \mathbb{N}$ より $3k^2 - 4k + 1 \in \mathbb{Z}$ がいえ, それゆえ n^2 も 3 の倍数でない. また, $n = 3k - 1$ の場合, 辺々を 2 乗して $n^2 = (3k - 1)^2 = 9k^2 - 6k + 1 = 3 \times (3k^2 - 2k) + 1$ となるが, $k \in \mathbb{N}$ より $3k^2 - 2k \in \mathbb{N}$ がいえ, それゆえ n^2 も 3 の倍数でない. よって, 対偶が真であるから, もとの含意命題も真である.

練習 2.22 (p.59)

背理法で証明する. この命題を否定すると「$\sqrt{3}$ は有理数である」であり, 有理数の性質から, ある $m, n \in \mathbb{N}$ で $\sqrt{3} = \dfrac{n}{m}$ と既約分数で表すことができる. この式の辺々を 2 乗して整理すると $n^2 = 3m^2$ である. $m \in \mathbb{N}$ より $m^2 \in \mathbb{N}$ であるから, n^2 は 3 の倍数である. ここで, 練習 2.21 (2) の命題から, n も 3 の倍数であることがわかるので, $n = 3p$ $(p \in \mathbb{N})$ と表すことができる. これを $n^2 = 3m^2$ に代入すると $(3p)^2 = 3m^2 \Leftrightarrow m^2 = 3p^2$ となり, 再び練習 2.21 (2) の命題から m も 3 の倍数であることがわかる. すると, m も n も 3 の倍数となるので, $\dfrac{n}{m}$ が既約分数であることに矛盾する. したがって, もとの命題は成り立つ.

練習 2.23 (p.61)

まず, 数学的帰納法の証明途中で k を用いるので, 和の記号内の k を j に書き換える.

[1] $n = 1$ のとき, 成り立つことを証明する. $n = 1$ のとき,

$(左辺) = \displaystyle\sum_{j=1}^{1} \dfrac{1}{j(j+1)} = \dfrac{1}{1(1+1)} = \dfrac{1}{2}$, $(右辺) = \dfrac{1}{1+1} = \dfrac{1}{2}$ であるから, $(左辺) = (右辺)$ が示せた.

[2] $n = k$ のとき成り立つと仮定し, $n = k + 1$ のとき成り立つことを証明する.

$n = k$ のとき, $\displaystyle\sum_{j=1}^{k} \dfrac{1}{j(j+1)} = \dfrac{k}{k+1}$ が成り立つと仮定し, $n = k + 1$ のとき

$\displaystyle\sum_{j=1}^{k+1} \dfrac{1}{j(j+1)} = \dfrac{k+1}{k+2}$ が成り立つことを示す.

$(左辺) = \displaystyle\sum_{j=1}^{k+1} \dfrac{1}{j(j+1)} = \underbrace{\displaystyle\sum_{j=1}^{k} \dfrac{1}{j(j+1)} + \dfrac{1}{(k+1)(k+2)}}_{j=k+1} = \dfrac{k}{k+1} +$

$\dfrac{1}{(k+1)(k+2)} = \dfrac{k(k+2)+1}{(k+1)(k+2)} = \dfrac{(k+1)^2}{(k+1)(k+2)} = \dfrac{k+1}{k+2},$

$(右辺) = \dfrac{k+1}{k+2}$ であるから，$n = k+1$ のときも $(左辺) = (右辺)$ が示せた.
よって，すべての $n \in \mathbb{N}$ に対して成り立つ.

章末問題【A】(p.61)

1. (1) $A = \{\, x \in \mathbb{Z} \mid 3 < x < 10 \,\} = \{\, 4, 5, 6, 7, 8, 9 \,\}$

(2) $B = \{\, x \in \mathbb{R} \mid x > 0 \,\} = (0, \infty)$

(3) $C = \{\, x \in \mathbb{N} \mid x > 5$　かつ　$x < 3 \,\} = \{\ \} = \emptyset$

2. (1) $A \cup B = \{\, 0, 1, 2, 3 \,\}$, $A \cap B = \{\, 1, 2 \,\}$, $A^c = \{\, 4, 5 \,\}$, $A \setminus B = \{\, 0, 3 \,\}$,
$A \times B = \{\, (0,1), (0,2), (1,1), (1,2), (2,1), (2,2), (3,1), (3,2) \,\}$

(2) $A \cup B = \{\, x \in U \mid x$ は 2 または 3 で割り切れる $\,\}$
$\qquad = \{\, 10, 12, 14, 15, 16, 18, 20 \,\}$,
$A \cap B = \{\, x \in U \mid x$ は 2 と 3 の両方で割り切れる $\,\} = \{\, 12, 18 \,\}$,
$A^c = \{\, x \in U \mid x$ は 2 で割り切れない $\,\} = \{\, 11, 13, 15, 17, 19 \,\}$,
$A \setminus B = \{\, x \in U \mid x$ は 2 で割り切れるが 3 で割り切れない $\,\}$
$\qquad = \{\, 10, 14, 16, 20 \,\}$

(3) $A \cup B = \mathbb{R} = U$, $A \cap B = \{\, 0 \,\}$, $A^c = (0, \infty)$, $A \setminus B = (-\infty, 0)$

3. (1) $S_1 = \displaystyle\sum_{k=1}^{n} k = \dfrac{n(n+1)}{2}$ 　(2) $S_2 = \displaystyle\sum_{k=1}^{n} 2^{k-1} = 2^n - 1$

4. (1)

P	$\neg P$	$\neg(\neg P)$
T	F	T
F	T	F

(2)

P	Q	$P \wedge Q$	$\neg(P \wedge Q)$	$\neg P$	$\neg Q$	$(\neg P) \vee (\neg Q)$
T	T	T	F	F	F	F
T	F	F	T	F	T	T
F	T	F	T	T	F	T
F	F	F	T	T	T	T

(3)

P	Q	$P \Rightarrow Q$	$\neg Q$	$P \wedge (\neg Q)$	$\neg(P \wedge (\neg Q))$
T	T	T	F	F	T
T	F	F	T	T	F
F	T	T	F	F	T
F	F	T	T	F	T

5. (1) 略 (対偶法：練習 2.21 (2) と同様)　　(2) 略 (数学的帰納法：例題 3 と同様)

(3) 略 (背理法：　⇒) 背理法の仮定より，$ab = 0$ の両辺を $a\,(\neq 0)$ で割ると，
$b = 0$ より矛盾．　⇐) $a = 0$ のとき $ab = 0$，$b = 0$ のとき $ab = 0$ で矛盾.)

6. $_n\mathrm{C}_{n-r} = \dfrac{n!}{(n-(n-r))!\,(n-r)!} = \dfrac{n!}{r!\,(n-r)!} = {}_n\mathrm{C}_r$

7. $_n\mathrm{C}_r + {}_n\mathrm{C}_{r+1} = \dfrac{n!}{(n-r)!\,r!} + \dfrac{n!}{(n-(r+1))!\,(r+1)!}$

$= \dfrac{n!\ \times (r+1)}{(n-r)!\,r!\ \times (r+1)} + \dfrac{n!\ \times (n-r)}{(n-(r+1))!\,(r+1)!\ \times (n-r)}$

$= \dfrac{n!\,(r+1+n-r)}{(n-r)!\,(r+1)!} = \dfrac{(n+1)!}{((n+1)-(r+1))!\,(r+1)!} = {}_{n+1}\mathrm{C}_{r+1}$

章末問題【B】(p.62)

1. $\emptyset, \{1\}, \{2\}, \{3\}, \{4\}, \{1,2\}, \{1,3\}, \{1,4\}, \{2,3\}, \{2,4\}, \{3,4\},$
$\{1,2,3\}, \{1,2,4\}, \{1,3,4\}, \{2,3,4\}, A$ の 16 個.

2. n 個の各元に対して, その元を部分集合に含めるか含めないかの 2 通りあるので, 全体で 2^n 通り考えられる. つまり, 部分集合の元の個数は 2^n である.

3. $\displaystyle\sum_{k=1}^{n} k^2 = \frac{n(n+1)(2n+1)}{6}$

4. (1) 略 (背理法)　(2) 略 (背理法)　(3) 略 (背理法)

5. $\displaystyle\sum_{k=1}^{n} \frac{1}{k\,(k+1)} = \sum_{k=1}^{n} \left(\frac{1}{k} - \frac{1}{k+1} \right) = \frac{1}{1} - \frac{1}{n+1} = \frac{n}{n+1}$.

6. 二項定理で $a = b = 1$ とすれば, $2^n = (1+1)^n = \displaystyle\sum_{r=0}^{n} {}_n\mathrm{C}_r \cdot 1^{n-r} \cdot 1^r = \sum_{r=0}^{n} {}_n\mathrm{C}_r$.

7. (1) $a_n = r^{n-1}$　(2) $S_n = \dfrac{1-r^n}{1-r}$　(3) $S = \dfrac{1}{1-r}$

第 3 章

章末問題【A】(p.75)

1. (1) $3(x+1)^2 - 5$　(2) $(x+\frac{1}{2})^2 - \frac{5}{4}$　(3) $6(x-\frac{1}{6})^2 - \frac{7}{6}$　(4) $7(x-\frac{9}{14})^2 + \frac{3}{28}$

2. (1) $x = \pm\sqrt{2}$　(2) $x = \pm\sqrt{2}\,i$　(3) $x = 2, \frac{1}{2}$　(4) $x = \frac{5\pm\sqrt{7}\,i}{4}$
　　(5) $x = 0, \frac{5}{2}$　(6) $x = \frac{-2\pm\sqrt{10}}{3}$　(7) $x = \frac{2\pm\sqrt{10}}{3}$　(8) $x = \frac{-1\pm\sqrt{3}\,i}{2}$

3. (1) 和 $\frac{5}{2}$, 積 2　(2) 和 $-\frac{4}{3}$, 積 $-\frac{2}{3}$　(3) 和 -1, 積 1　(4) 和 $-\frac{9}{7}$, 積 $\frac{3}{7}$

4. (1) $x = 0, \pm 1$　(2) $x = 1, \pm 2$　(3) $x = \pm 2, \pm 2i$　(4) $x = 1, \frac{-1\pm\sqrt{3}\,i}{2}$

章末問題【B】(p.75)

1. $\dfrac{1}{2}, -\dfrac{1}{3}$

2. $3x^2 - 7x - 6 = 0$

3. (1) $x = -2, -3$ (-2 は重解)　(2) $x = 2, 5, -1$ (2 は重解)
　　(3) $x = 2, -1$ (-1 は 3 重解)　(4) $x = \pm 2, 4, -3$

第 4 章

練習 4.4 (p.89) 図 1,　**練習 4.5 (p.92)** 図 2,　**練習 4.6 (p.94)** 図 3
練習 4.7 (p.96) 図 4,　**練習 4.8 (p.102)** 図 5, 図 6　(図は p.172 をみよ)

章末問題【A】(p.111)

1. x 軸対称移動 $y = -x^2 + 2x - 2$, y 軸対称移動 $y = x^2 + 2x + 2$,
原点対称移動 $y = -x^2 - 2x - 2$, グラフは図 7.

2. (1) グラフは図 8, 定義域 $x \geq \frac{7}{2}$, 値域 $y \geq -\frac{9}{4}$, 頂点 $\left(\frac{7}{2}, -\frac{9}{4} \right)$, x 切片 5,
逆関数 $y = \sqrt{x + \frac{9}{4}} + \frac{7}{2}$, 定義域 $x \geq -\frac{9}{4}$, 値域 $y \geq \frac{7}{2}$, y 切片 5
(2) グラフは図 9, 定義域 $x < -2$, 値域 $y > 1$, 漸近線 $x = -2$, $y = 1$,
軸との交点なし, 逆関数 $y = -\dfrac{1}{x-1} - 2$, 定義域 $x > 1$, 値域 $y < -2$,
漸近線 $x = 1$, $y = -2$, 軸との交点なし

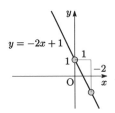

図 1

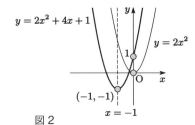

図 2

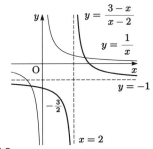

図 3

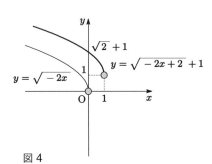

図 4

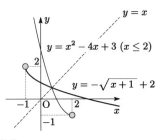

図 5

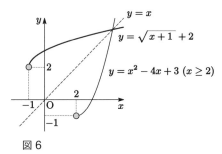

図 6

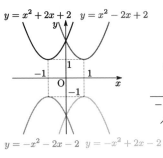

図 7

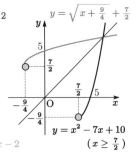

図 8

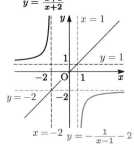

図 9

3. (1) $y = \frac{1}{2}x + \frac{1}{2}$, 定義域 $\mathbb{R}$, 値域 $\mathbb{R}$

(2) $y = \sqrt{-(x-1)} + 1$, 定義域 $x \leq 1$, 値域 $y \geq 1$

(3) $y = \dfrac{1}{x} + 1$, 定義域 $x > 0$, 値域 $y > 1$

(4) $y = \frac{1}{2}x^2$, 定義域 $x \geq 0$, 値域 $y \geq 0$

章末問題【B】(p.111)

1. (1) 3 (2) 1

2. (1) 連続ではない (2) 連続である

第 5 章

練習 5.3 (p.117)

θ	$-\pi$	$-\frac{5}{6}\pi$	$-\frac{3}{4}\pi$	$-\frac{2}{3}\pi$	$-\frac{\pi}{2}$	$-\frac{\pi}{3}$	$-\frac{\pi}{4}$	$-\frac{\pi}{6}$
$\sin\theta$	0	$-\frac{1}{2}$	$-\frac{1}{\sqrt{2}}$	$-\frac{\sqrt{3}}{2}$	-1	$-\frac{\sqrt{3}}{2}$	$-\frac{1}{\sqrt{2}}$	$-\frac{1}{2}$
$\cos\theta$	-1	$-\frac{\sqrt{3}}{2}$	$-\frac{1}{\sqrt{2}}$	$-\frac{1}{2}$	0	$\frac{1}{2}$	$\frac{1}{\sqrt{2}}$	$\frac{\sqrt{3}}{2}$
$\tan\theta$	0	$\frac{1}{\sqrt{3}}$	1	$\sqrt{3}$	$\times$	$-\sqrt{3}$	-1	$-\frac{1}{\sqrt{3}}$

θ	0	$\frac{\pi}{6}$	$\frac{\pi}{4}$	$\frac{\pi}{3}$	$\frac{\pi}{2}$	$\frac{2}{3}\pi$	$\frac{3}{4}\pi$	$\frac{5}{6}\pi$	π
$\sin\theta$	0	$\frac{1}{2}$	$\frac{1}{\sqrt{2}}$	$\frac{\sqrt{3}}{2}$	1	$\frac{\sqrt{3}}{2}$	$\frac{1}{\sqrt{2}}$	$\frac{1}{2}$	0
$\cos\theta$	1	$\frac{\sqrt{3}}{2}$	$\frac{1}{\sqrt{2}}$	$\frac{1}{2}$	0	$-\frac{1}{2}$	$-\frac{1}{\sqrt{2}}$	$-\frac{\sqrt{3}}{2}$	-1
$\tan\theta$	0	$\frac{1}{\sqrt{3}}$	1	$\sqrt{3}$	$\times$	$-\sqrt{3}$	-1	$-\frac{1}{\sqrt{3}}$	0

章末問題【A】(p.121)

1. (1) $\sin^2\theta = \dfrac{1-\cos 2\theta}{2}$ (2) $\cos^2\theta = \dfrac{1+\cos 2\theta}{2}$

(3) $\sin 3\theta = 3\sin\theta - 4\sin^3\theta$ (4) $\cos 3\theta = 4\cos^3\theta - 3\cos\theta$

2. (1) $\theta = \frac{\pi}{12}$ (2) $\sin\theta = \frac{\sqrt{6}-\sqrt{2}}{4}$, $\cos\theta = \frac{\sqrt{6}+\sqrt{2}}{4}$

3. (1) $\theta = \frac{7}{12}\pi$ (2) $\sin\theta = \frac{\sqrt{6}+\sqrt{2}}{4}$, $\cos\theta = \frac{\sqrt{2}-\sqrt{6}}{4}$

章末問題【B】(p.121)

1. (1) $\tan 2\theta = \dfrac{2a}{1-a^2}$ (2) $\cos 2\theta = \dfrac{1-a^2}{1+a^2}$ (3) $\sin 2\theta = \dfrac{2a}{1+a^2}$

2. $\theta = \dfrac{\pi}{4} + n\pi$ ($n \in \mathbb{Z}$)

3. 最大値 2 ($\theta = \frac{\pi}{3}$), 最小値 -2 ($\theta = \frac{4}{3}\pi$)

4. (1) $\theta = \frac{\pi}{10}$ (2) 加法定理を使う. (3) $\sin\theta = \frac{\sqrt{5}-1}{4}$ (4) $\cos 2\theta = \frac{\sqrt{5}+1}{4}$,

$\sin 2\theta = \frac{\sqrt{10-2\sqrt{5}}}{4}$ (5) $\tan 3\theta = \dfrac{\cos 2\theta}{\sin 2\theta}$ (6) $\frac{\sqrt{25+10\sqrt{5}}}{4}$

第 6 章

練習 6.1 (p.124) 左図，　**練習 6.6 (p.131)** 右図

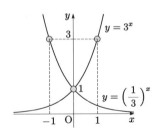 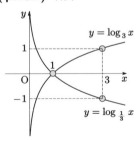

章末問題【A】(p.132)

1. (1) 1　(2) 2　(3) 3　(4) 4　(5) 5　(6) 10　(7) 0　(8) 存在しない
　　(9) 存在しない　(10) -1　(11) -2　(12) -6　(13) $\frac{1}{2}$　(14) $\frac{3}{2}$　(15) $-\frac{1}{2}$
　　(16) $-\frac{1}{3}$　(17) 4　(18) 0　(19) -5　(20) $-\frac{5}{2}$

2. (1) 5　(2) 1　(3) 3

章末問題【B】(p.132)

1. (1) 1,050,000 円, 1,102,500 円, 1,157,625 円, $(1,000,000 \times 1.05^x)$ 円
　　(2) $\log_{1.05} 2$　(3) 14.2

第 7 章

章末問題【A】(p.156)

1. (1) $y' = 1$　(2) $y' = 3x^2$　(3) $y' = 10x^9$　(4) $y' = -\dfrac{1}{x^2}$　(5) $y' = -\dfrac{3}{x^4}$
　　(6) $y' = \dfrac{1}{2\sqrt{x}}$　(7) $y' = \dfrac{3}{2}\sqrt{x}$　(8) $y' = \dfrac{1}{3\sqrt[3]{x^2}}$　(9) $y' = \dfrac{2}{3\sqrt[3]{x}}$

2. (1) $y' = 3x^2 - 6x + 3$　(2) $y' = 10x^4 - 6x - \dfrac{3}{x^2}$　(3) $y' = 6x^2 - 6x + 2$
　　(4) $y' = \dfrac{1 - x^2}{(x^2 + 1)^2}$

3. (1) $y' = 6(2x - 1)^2$　(2) $y' = 20(2x - 1)^9$　(3) $y' = 18x(x^2 + 3)^8$
　　(4) $y' = -\dfrac{18x}{(x^2 + 3)^{10}}$　(5) $y' = \dfrac{x}{\sqrt{x^2 + 3}}$　(6) $y' = -\dfrac{x}{(x^2 + 3)\sqrt{x^2 + 3}}$

4. (1) $\frac{1}{3}x^3 + C$　(2) $-\dfrac{1}{2x^2} + C$　(3) $\frac{2}{3}x\sqrt{x} + C$

5. (1) 3　(2) $\frac{3}{8}$　(3) $\frac{2(4\sqrt{2} - 1)}{5}$

章末問題【B】(p.156)

1. (1) $\frac{13}{3}$　(2) $\frac{1}{11}$　(3) $\sqrt{3} - 1$　(4) $\sqrt{7} - 2$

2. $S = \frac{1}{6}|a|(\beta - \alpha)^3$

3. (1) $g(x) + k(x) = \dfrac{f(x) + f(-x)}{2} + \dfrac{f(x) - f(-x)}{2} = \dfrac{2f(x)}{2} = f(x)$

(2) $g(-x) = \dfrac{f(-x) + f(-(-x))}{2} = \dfrac{f(-x) + f(x)}{2} = g(x)$

(3) $k(-x) = \dfrac{f(-x) - f(-(-x))}{2} = -\dfrac{f(x) - f(-x)}{2} = -k(x)$

第8章

練習 **8.1**（p.158），練習 **8.3**（p.162），練習 **8.4**（p.164），練習 **8.5**（p.167）

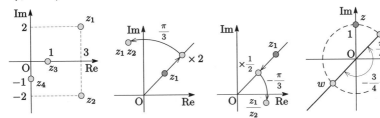

章末問題【A】（p.167）

1. (1) $\dfrac{z + \overline{z}}{2}$ (2) $\dfrac{z - \overline{z}}{2i}$ (3) $z\,\overline{z}$

2. 左より順に，(1)，(2)，(3)，(4)

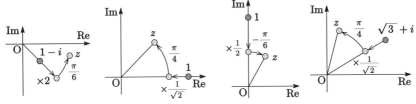

3. (1) $z = 1$ (2) $z = -1 + i$ (3) $z = -\dfrac{1+i}{\sqrt{2}}$ (4) $z = \dfrac{1+\sqrt{3}\,i}{2}$

4. 左より順に，(1)，(2)，(3)

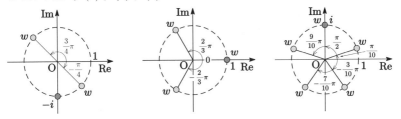

5. いずれもド・モアブルの定理を使い（$n = 2, 3$），実部と虚部を比較すればよい．

章末問題【B】（p.167）

1. ここでは証明の方針のみ記す．まず，$n \geq 0$ について数学的帰納法で証明する．途中，加法定理が必要である．続いて，$n < 0$ については，$n = -m$（$m \in \mathbb{N}$）として，前者の結果（$n \geq 0$ のド・モアブルの定理）を用いて式変形すればよい．

参 考 文 献

[1] 「初歩からの入門数学」, 吉村善一・足立俊明 共著, 数理工学社, 2007

[2] 「集合と位相への入門——ユークリッド空間の位相——」, 鈴木晋 ・著, サイエンス社, 2003

[3] 「教養の数学」, 矢野健太郎 著, 裳華房, 1968

[4] 「集合論・入門——無限への誘い」, 上江洲忠弘 著, 遊星社, 2004

[5] 「大学生のための基礎から学ぶ教養数学」, 守屋悦朗 監修／井川信子 編著, サイエンス社, 2015

[6] 「理工系の基礎 微分積分 増補版」, 石原 繁・浅野重初 共著, 裳華房, 1994

[7] 「理工系入門 微分積分」, 石原 繁・浅野重初 共著, 裳華房, 1999

[8] 「入門講義 微分積分」, 吉村善一・岩下弘一 共著, 裳華房, 2006

[9] 「微分積分 上 (応用解析の基礎 1)」, 入江昭二・垣田高夫・杉山昌平・宮寺 功 共著, 内田老鶴圃, 1988

[10] 「経済系のための微分積分」, 西原健二 編著／瀧澤武信・山下 元 共著, 共立出版, 2007

[11] 「数学基礎プラス α (金利編)」, 高木 悟 著, 早稲田大学出版部, 2013

[12] 「数学基礎プラス β (金利編)」, 高木 悟 著, 早稲田大学出版部, 2013

[13] 「理工系のための微分積分」, 長谷川研二・熊ノ郷直人・高木 悟 共著, 培風館, 2016

[14] 「理工系のための線形代数 [改訂版]」, 高木 悟・長谷川研二・熊ノ郷直人・菊田 伸・森澤貴之 共著, 培風館, 2018

[15] 「[増補版] 経済系のための微分積分」, 西原健二・瀧澤武信・玉置健一郎 著, 共立出版, 2018

[16] 「おもしろいほど数学センスが身につく本」, 橋本道雄 著, 講談社, 2016

[17] 「ネイピアの計算盤とその活用・展開」, 前山和喜・高木 悟 共著, 早稲田大学数学教育学会誌 Vol.32, No.1, pp.16–31, 2014

索　引

著 者 略 歴

高 木 悟
たかぎ さとる

2003 年 早稲田大学大学院理工学研究科
数理科学専攻博士後期課程研究
指導終了による退学
2012 年 工学院大学准教授
現　在 早稲田大学教授
博士（学術）（早稲田大学）

主要著書

数学基礎プラス α（金利編）
（早稲田大学出版部，2013）

数学基礎プラス α（最適化編）
（早稲田大学出版部，2013）

数学基礎プラス β（金利編）
（早稲田大学出版部，2013）

数学基礎プラス β（最適化編）
（早稲田大学出版部，2013）

長 谷 川 研 二
はせがわ けんじ

1990 年 東京大学大学院理学系研究科
数学専攻博士課程修了
現　在 工学院大学准教授
理学博士（東京大学）

主要著書

理工基礎 微分積分学［増補版］
（理学書院，2002，共著）

例からはじめる微分方程式
（牧野書店，2012，共著）

熊 ノ 郷 直 人
くまのごう なおと

1997 年 東京大学大学院数理科学研究科
数理科学専攻博士課程修了
現　在 工学院大学教授
博士（数理科学）（東京大学）

ⓒ　高木 悟・長谷川研二・熊ノ郷直人　2020

2015年12月 4 日　初　版　発　行
2020年 1 月30日　改訂増補版発行
2022年11月30日　改訂増補第 3 刷発行

理工系のための
基 礎 数 学

著　者　高 木　　　悟
長 谷 川 研 二
熊 ノ 郷 直 人
発行者　山 本　　　格

発行所　株式会社　培 風 館

東京都千代田区九段南4-3-12・郵便番号 102-8260
電話(03)3262-5256(代表)・振替 00140-7-44725

三美印刷・牧 製本

PRINTED IN JAPAN

ISBN 978-4-563-01233-5　C3041